在自己的小宇宙裡　用眼睛　看見世界真實的樣子

自轉星球

# 不只2倍可愛

## 小豬小羊的成長札記

文｜大羊　　圖｜Cherng

# 寫在前面

自從到英國讀書之後，我變得很容易被身邊的小事物感動，面對生活中大大小小的新鮮事，就慢慢養成用照片來留下珍貴記錄的習慣。而這樣的習慣在有了小豬小羊後更是狂熱，在他們出生前，我從驗孕棒開始就不停地拍，說來誇張，那時光一張顯示兩條紅線的驗孕試紙就拍了近十張照片，深怕自己錯過了那個重要時刻。

在小豬小羊出生後，他們與我朝夕相處，我相當珍惜與他們在一起的每一刻，由於家人與朋友們早期多以 Facebook 來聯繫彼此，但礙於個人帳號無法同時申請小豬小羊兩個人的名字，所以才試著以 Facebook 粉絲團的方式來與親友分享生活。

透過 Facebook 粉絲團的成立，讓我們認識了更多來自世界各地的朋友，我們曾經收到不少讀者來信表達感激，因爲小豬小羊帶給他們莫大的快樂與幸福感，而其中也不乏許多期待自己能擁有新生命的朋友，我從字裡行間不難看出他們心中的不安，於是也適當地給予關心鼓勵，後來聽到從他們那裡傳來好消息時，真的讓我覺得十分欣慰。漸漸地，我才發覺到小豬與小羊的生活片段原來是具有那麼大的影響力與感染力，所以我也期許自己能爲讀者帶來更多正面的力量與溫暖。

由於平日多是由自己照顧這兩個孩子，很難有足夠的時間好好整理過去這些年的生活記錄，藉由這本書的出版機會，讓我更有動力來細細回憶與孩子們共同成長的過程，而我也希望透過這本書能回饋給期待「收藏」小豬小羊的大小朋友們，謝謝你們一直以來的關注，讓小豬小羊在成長的路上能夠如此充滿幸福。

## 我的家庭超可愛

小豬小羊其實是胎名，因爲媽媽姓楊，爸爸姓朱，所以我們在他們還在肚子裡的時候就先這樣叫他們，沒想到現在他們會說話了，還會開玩笑反過來叫媽媽大羊，爸爸是大豬，實在相當可愛。

而有了小豬小羊後，我和大豬的生活不是失去浪漫的二人世界，反而是得到可愛的五人份幸福。

由於大豬工作的關係，時常需要出國出差，但他又不放心我一個人在家帶孩子，我們倆考慮了所有可能來幫忙的家庭成員名單，認爲小舅舅 Cherng 是最合適的人選，我跟 Cherng 相差有十一歲之多，以前跟大豬約會出遊就很常帶著他一起，也可能因爲年齡差距大，所以自小就跟我感情特別好，溝通起來也不會有距離，所以我們就特別情商小舅舅來家裡跟我們同住。

照顧孩子本來就是爸爸媽媽自己的責任，多了小舅舅後更是我們的福氣，忙不過來的時候有個小助手在身邊，真的好棒。

**大豬爸爸**｜金牛座、上班族

**大羊媽媽**｜牡羊座、全職媽

**馬來貘舅舅（Cherng）**｜是我的親小弟，所以他當然姓楊，但是小羊都以為小舅舅姓馬，雙魚座、插畫家

**小羊姊姊（Chelsea）**｜9 月 11 日出生，處女座，個性活潑外向、喜好整潔有序、好表現

**小豬弟弟（Jesper）**｜9 月 11 日出生，處女座，個性害羞內向、生活習慣亂中有序、不與人爭

# CONTENTS

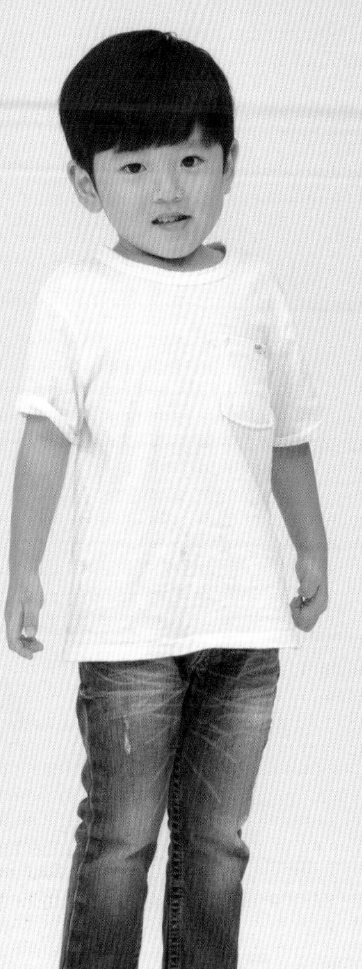

Here We Go!

# 01 小豬小羊驚喜誕生

從原本不想懷孕的頂客族，變成幸運能擁有小豬小羊的父母，他們就像小天使般，豐富我們的生活，改變我們的人生。

三

# 從 0 到 2 的<br>人生驚喜

我跟大豬爸爸是從大學時代就認識的同學，他退伍後沒多久我們就結婚了，那時公婆送給了我們一份最珍貴的結婚禮物，就是讓我們倆自在地前往英國繼續深造。也因為有了這段特殊的人生經驗，讓我覺得世界很美妙，處處是驚奇。在英國生活時，我常常莫名為生活周遭的小事物而感動，我也是從那時候起，開始相機不離身地記錄下生活中讓我感動的人事物。

## ・計劃中的頂客生活

順利畢業回國後，我們仍很嚮往之前在英國居住時的生活模式，兩個人簡單吃、簡單住、簡單穿，存夠錢偶爾還能來趟小小的旅行，那樣的步調一切都在掌控中。所以當時我們倆還毅然決然地打定主意，要當個頂客族（註 1），用兩個人的薪水一起支付房貸、並省點吃穿，一起自在簡單地過生活。

## ・失去至親的痛苦

而當我們還沉浸在與家人們慶祝學成歸國的喜悅時，發現我父親（小豬小羊無緣的外公）身體狀況已大不如前，我們當時一邊工作一邊擔憂著父親的健康，時常陪著他進出醫院看診檢查，但我們最害怕的事情還是發生了——我的父親罹患胃癌第三期。

以前，我從不知道病痛與死亡原來可以離我們這麼近，在那之後，每天心情都好陰沉，常常羨慕可以健健康康走在路上的人，更羨慕可以一家和樂過節的溫馨畫面。

不過，現在回想起來，似乎這一切都在冥冥之中有所安排。老天爺真的很眷顧我，回國後的第一份工作能允許我在家上班，再加上老闆很體諒我，所以工時可以自由彈性調整，讓我可以一邊照顧父親之餘還能兼顧工作。這樣緊張又馬不停蹄的生活持續了兩年，直到父親過世才告一段落。

## ・病痛襲來的恐懼

或許是我的身體再也承受不住前些日子的壓力，父親過世後，我自己的健康狀況也變很差，以前從不經痛的我突然痛到不能站立，並非誇飾，那是連站都站不起來的疼痛。於是，我與大豬開始又在各大醫院四處往返，經過一段時間的問診後，幾位醫生不約而同地診斷出我罹患了「子宮內膜異位症」（註 2），不過，每位醫生所建議的治療方式還真是大不相同，當時若我聽信其中一位醫師的建議去切除卵巢根治病痛，我可能也不會有機會生下小豬小羊了。

感謝老天爺仍然眷顧著我，讓我有緣遇到好醫生，他鼓勵我停止避孕，試試看能否自然懷孕，因為只要月經沒來就不會疼痛，也有機率會縮小囊腫，當然，他也說服我借助科學的方式來增加懷孕機會，所以那個月我服用了一些排卵藥，也施打了排卵針，做了一次的人工受孕，但結果卻很不幸地失敗了。

知道失敗的當下實在好想放聲大哭，想哭的原因並非是失去懷孕的機會，而是我得面對接下來需要接受開刀切除卵巢的恐懼，因為我真的十分害怕又回到陪父親住院時的感覺。

## ・驚喜迎接新生命到來

然而，在和大豬商量之後，我們決定一切順其自然，放鬆心情來面對懷孕這件事，拋開那些藥物、拋開那些積極的治療，正式辭職在家休養身體。我開始早睡早起，正常飲食，時時運動，過起規律的生活。

由於發現懷孕與治療時間很接近，說不定有受到先前藥物治療的影響，也有可能是我們家族真的有這樣的遺傳基因（我的奶奶生了一對雙胞胎、小阿姨也有一對龍鳳胎），就這樣一個月後，小豬小羊就一起出現在我的肚子裡了！

懷孕期間，大豬常常很感恩地對著我肚子裡的小豬小羊說：「你們是來救媽咪的小天使。」神奇的是，真的如醫生所說，在生完孩子之後，劇烈的經痛就再也沒出現過了，這一切都像命運非常巧妙的安排，讓我與大豬從原本不想懷孕的頂客族，轉而成為幸運擁有小豬與小羊的父母。

---

註 1：Dual Income, No Kids，縮寫爲 DINK。意即夫妻雙薪收入，但不生孩子。

註 2：子宮內膜生長在子宮腔以外的地方，因而造成的疾病。 若長在卵巢內，則形成所謂的「巧克力囊腫」，而長在子宮肌層的則稱做「子宮肌腺症」。

三

# 心驚膽顫迎接
# 雙胞胎誕生

回想起當初看到驗孕棒出現兩條紅線時的感動心情，直到現在還是會有些激動。那不僅是為成功受孕而開心，之後當知道子宮中其實有兩個受精卵，而且還是一個弟弟、一個妹妹時更是對於自己能如此幸運感到不可置信。

但開心之餘，懷孕後的狀況卻仍是一波未平一波又起，我在產檢中發現自己有前置胎盤（註 1）的症狀，當時還傻乎乎地不知道事情的嚴重性，每天依舊照常過日子，一些如燒飯、洗衣、擦地等家事也當成簡單的運動般持續在做。

## ・粗心大意帶來的孕期驚險

懷孕期間我與大豬都有晨泳的習慣，在他上班前，我們都會一起到社區的泳池游泳，因為水的浮力能幫我托住大肚子，所以在水裡時我會感覺特別輕盈，在泳池裡行走或簡單游個泳，在炎炎夏日也特別清涼。只是，這樣規律的生活只持續到孕期的第二十七週。

還記得那天我做了哪些「大事」？我一大早先天真地跟大豬去爬擎天崗，在沒帶傘的情況下遇到午後雷陣雨，於是緊張地大步快走躲雨，下山回家後又因為熱得受不了，所以又去游泳，之後還喝了杯超涼爽的西瓜汁。結果，那晚在準備晚餐時，我突然一陣腰痠，當下趕緊請大豬來接手掌廚。

隨後，覺得身體有些不對勁的我，躺在客廳就不小心睡著了，待醒來後發現自己已經出血，當下非常緊張地直奔婦產科急診，當自己躺在病床上等醫生檢查時真的好後悔自己這一整天的愚蠢行為，當時邊檢查邊掉眼淚，非常責怪自己太大意、太自以為、太掉以輕心了。後來，我被轉診到馬偕醫院，當聽到醫生說「不能回家，最好住院安胎比較安全」時，簡直晴天霹靂，這我想都沒想過的狀況竟然要發生了。

### ・提心吊膽的「安胎」時期

什麼是「安胎」？我那時是第一次聽到這個名詞，簡單來說就是不能下床，只能躺在床上安養胎兒，吃喝拉撒睡都只能在床上，當時照顧我的家人與朋友還幫我把屎把尿毫無怨言，這些體貼我都點滴在心頭。

那是我人生中第一次住院，將近兩個月的時間，簡直是度日如年，一開始身體狀態不穩定時，每天都提心吊膽，最危險的那次是我半夜醒來，整個病床都是鮮血，當時還以為是自己滿身大汗而熱醒，在一旁陪我的大豬也一樣被嚇傻了。這樣的劇情一直到孩子出生後還是不定時的在夢裡上演，可以想像當時的壓力有多大？

而當媽媽之後，總想再為孩子多努力一點，加上公婆好意地特別請人算日子挑時辰安排剖腹手術，所以我心想，安胎能安一天是一天，能忍耐就忍耐。只是，在肚子裡的小豬小羊總是調皮地不按牌理出牌，就在2011年9月11日星期日的下午，我又出血了，因為那個星期已經有多次出血的狀況，我總共撐了35周又4天，於是，我與大豬決定就讓小豬小羊趕緊來到這世界上吧！

---

註1：懷孕時，胎盤是附著在子宮腔前壁、後壁或頂部位置，隨著懷孕週數的增加而往子宮頂部方向往上移動。前置胎盤是指孕期二十週之後胎盤位置仍然太低，因而擋住子宮頸口。

三

# 迎接嶄新的<br>雙胞胎生活

我覺得在一離開生產的醫院後，馬上就能轉往月子中心休養是件很幸福的事，因為透過專業的醫護人員幫忙，讓我們這樣的新手爸媽能在回到自己家之前有所緩衝，那段時間除了學習到如何照護新生兒、雙胞胎哺餵母乳的技巧之外，也逐步調整全家人的生活作息。

## ・家人是最好的後援

雖然有了將近一個月的「理想練習」，但是回家面對的「現實考驗」卻仍是很大的挑戰啊！回想起來最困難的就是我連一分鐘都無法離開孩子。之前在月子中心，想洗澡就把孩子交給護士、想睡覺也把孩子交給護士，回到自己家後，才發現連要好好洗個澡都有點奢侈，想好好睡一覺更是困難，想煮飯給自己跟老公吃，又是難上加難啊。

在如此困難重重的生活裡，家人們便開始輪流來幫忙，有時公婆還有我媽媽都會煮點東西讓我們備著，減輕我的負擔。白天有空時就過來跟孩子玩玩，好讓我做點其他家事或是準備餐點，等到自己愈來越愈熟練，也找到屬於自己做事情的節奏了，長輩們才比較放心地讓我們自己生活。

## ・爸媽的生活因為孩子而改變

老一輩常說「孩子出生就會帶糧草」，多少有點它的道理在，不過我認為是因為大多數的父母親都會為了孩子們的出生而更加努力，不管是工作、家庭、環境等方面都會更辛勤地付出，舉凡食、衣、住、行、育、樂似乎都會比沒有孩子的時候更好一些，於是整個生活品質就會愈來愈進步。

另一方面，我認為其實有了孩子之後，不論是媽媽還是爸爸都會不知不覺犧牲自己原本的生活而成全孩子吧？在寫這篇文章時，我也終於有機會回頭想想我們夫妻倆到底為了孩子改變了哪些原本的習慣？哇！有夠多。

### ・食、衣、住、行無一不變

簡單地從吃來看，為了孩子我們開始挑選有機食材，對於家裡的食品變得比較挑剔，也儘量減少外食的機會。至於我們原本那些趕流行的慾望，則早已不知去向，每每逛街逛到後來都是在為孩子們買衣服，自己則永遠都穿最保守低調的服飾了。

被改變的還有交通方面，以前跟大豬很喜歡搭乘公共交通工具，比方說，從家裡散步到山下就是件很健康休閒的事，但若是現在要帶他們下山搭捷運，就要考慮到天氣、時間、體力，所以現在幾乎都只能開車出門，車子就像是我們可移動的第二個家，緊急小馬桶、棉被、枕頭、糧食等應有盡有，什麼都要準備才行。

至於育、樂方面，我們倒是讓小豬小羊自己了解爸爸跟媽媽平日的喜好，讓他們可以耳濡目染地來跟著我們開心玩耍。我跟爸爸都很愛烹飪、烘培，每當我們倆站在廚房，孩子們總是會湊過來參與。大豬特別喜愛打籃球跟慢跑，而我最愛就是攝影，為了拍出美美的氛圍，也會更認真美化家裡的人、事、物，比方像關於居家的佈置與服裝的搭配，就是我最熱衷的活動了。

### ・每個改變都讓生活品質更好

我們家在有小豬小羊之後，不只生活習慣被改變，連整個人生規劃都和原本設定的完全不同了。原本，人生中的第一間房子只規劃成我與大豬兩個人的空間，但有了孩子後，我們必須要換大一點的空間才夠住，當時我們倆花了好大力氣才找到一個理想的社區定居下來，心想若是住不到幾年就要搬離，心中一定百般不捨，現在想想又覺得一定是老天爺在幫忙，那時候社區內擁有庭院露台的一樓住宅剛好要出售，為了給孩子們更好的居住品質，我跟大豬決定就算辛苦一點也要努力看看，即使要背負貸款背到六十歲也非做不可了。

總體來說，我們的確為了孩子改變許多生活習慣，但這些其實都是一個向上的概念，這些改變能讓整個家的生活品質更進步更美好，這樣的改變何嘗不是一件好事？

# TIPS...

## 雙胞胎照護經驗談

常有人問我，帶一個孩子都要累死了，更何況要一次帶兩個，你一個人哪有辦法自己帶呢？怎麼不申請外傭來幫忙你啊？ 公婆家或是娘家總有人能幫你帶吧？

可能是個性的關係，我很不喜歡麻煩別人，其實就算是面對自己最親的人更是不喜歡麻煩他們，有辦法自己做就自己做，在想辦法去拜託他人的時間裡，很多時候都已經可以完成工作了。

再說，孩子是自己生的，當然要自己養、自己帶，解決問題的辦法是當你真的沒辦法時就會出來了。或許，很多人因為工作的關係，孩子不得已要托人照料，這樣的情況我可以理解，所以我覺得自己很幸運，能陪伴在孩子的身邊。

### 01. 帶孩子就是要靠自己

我時常想，以前物資如此缺乏的時代，我的奶奶都有辦法自己養十個孩子了（其中還有一對雙胞胎），難道我不行嗎？ 這個時代什麼都有，連育兒問題都能上網找到解答了，還有什麼資源找不到呢？而且加上我有大豬爸爸的全力支持，還有貘貘小舅舅的幫忙，照顧小豬小羊難道會不夠嗎？於是我常常對自己喊話，相信自己是可以的，帶孩子就是要靠自己。

### 02. 讓「等待」成為重要的認知

因為自己要一個人同時照顧兩個同齡的孩子，所以最基本的原則就是什麼東西都要準備兩份、做什麼事情都要做兩次。而對小豬小羊來說，「等待」即是他們最重要的生活認知，從小我就在他們耳邊唸著：「媽媽只有一個人，媽媽只有一雙手，你們要等一下噢！耐心點，等等就換你囉！」除非等到他們自己已經能自理了，不然就得等待我的幫忙。

### 03. 不能讓孩子們離開視線

我自己帶雙胞胎的重要原則就是孩子們絕對不能離開視線，所以當初新家的室內設計我們都自己來，免去華麗複雜的設計，完全以孩子的安全為考量，開放式無死角的大空間，是我能自己照顧他們的主要原因，確保孩子們在安全的環境裡活動，自己就可以邊做其他的家事，如此才能準備三餐又兼顧孩子。

### 戰鬥實例一：上廁所一起上

雖然要訓練孩子習慣等待，但唯一無法等待的就是上廁所。因為我們家幾乎都有固定上廁所的生理時鐘，所以時常碰到我與小豬小羊三個人同時需要馬桶的時候。以前從沒想過我們三人會同時想上廁所，回想起第一次面臨這種狀況時的手忙腳亂，真的很好笑！後來我便多準備兩個小馬桶放在大馬桶旁邊，三個人就能一起擠在廁所解放！

### 戰鬥實例二：喝奶吃飯一起來

雙胞胎的飲食該如何照顧？我建議都同時進行，親餵母乳、瓶餵母乳，副食品餵食全部皆是如此，只要餐具分開，都可以一起吃喝，因為只有這樣，在飯後兩個孩子才能玩在一起，而不會一個在吃飯另一個受影響。

### 戰鬥實例三：洗澡一起洗

在孩子還小的時候，我都是等家人在家時，洗完一個孩子再接著洗另一個，直到他們能坐得穩了，我便開始嘗試一次洗兩個，順便連自己也一起洗。這樣的共澡時間大約快一個鐘頭，足以讓爸爸完成好多家事，我們就是這樣的分工才得以兼顧家事與孩子。

要一次洗兩個孩子跟自己，我覺得有些條件是必備的，最重要的是寶寶要能坐得穩，浴室最好有冷暖氣設備，因為吹頭髮時總會有一個孩子要等待，若沒注意室溫，孩子很可能會著涼。再來就是空間，最好有平整的地面可以鋪放地墊加浴巾，可以讓兩個孩子同時坐或躺，這樣就不必擔心孩子會跌傷。

洗澡或穿衣服時的訣竅就是要讓孩子有事情做，他們就不會跑來跑去調皮搗蛋了。在淋浴間裡，通常我都先洗，此時會讓孩子坐在地上或是小澡盆裡，準備一個水桶或是浴盆裡加點沐浴乳起泡，讓他們用湯匙慢慢一瓢瓢的舀進杯子，這個遊戲玩三年多了還不膩呢。

至於穿衣服時，不妨就讓孩子試著自己擦乳液、梳頭髮、練習穿衣、褲、或襪子，有事情做之後，就很容易讓孩子聽話地乖乖坐著吹頭髮。

## 舅舅的小劇場
by Cherng

那天去爬擎天崗

結果遇上大雷雨，就狂奔回車上

回家太無聊
就去社區游泳池
游個泳

後來我就
出血來醫院

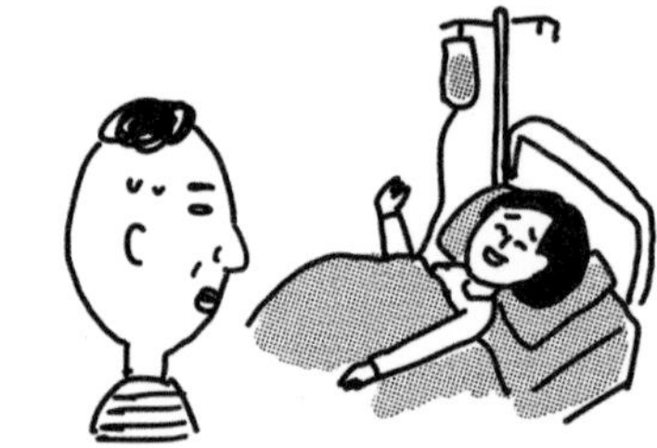

是在參加孕婦界的鐵人三項嗎

才剛出生…
是能多可愛?
你姊跟姊夫的小孩
一定很可愛!
←美珍(我母)
←小豬
↑
小羊
啊在那裡!
怎麼會有長得如此
精緻的嬰兒???

# 02 小豬小羊日常飲食

只要營養均衡，挑食其實不是什麼大問題；
只要互相信任，就能享受親子共廚的樂趣。

GAS
GARAGE
GAS
GAS

三

# 獨一無二的
# 雙胞胎飲食習慣

雖然是雙胞胎，但其實小豬小羊的喜好天差地遠，就飲食習慣來說好了，小羊喜歡多樣、多變的菜色，小豬則喜歡單純、簡單口味的食物。不過兩人卻有個共同點，就是不喜歡把食物攪在一起，像是白飯不想淋上滷汁，他們喜歡將滷汁另外放，自己再一口一口配著吃，甚至吃義大利麵時，會把裡面的配料挑出來另外放，一口麵一口配料的食用，非常有自己的堅持。

由於小豬偏好食物的原味，所以我在食材的挑選上就會相當重視品質與新鮮度，只要食材夠好，簡單烹調後撒上鹽巴對他而言就會是一道好菜。而小羊基本上比較不挑食，每樣沒看過的食材或菜餚都會想試上一口，不管我怎麼做她總是很有口福地吃得很高興。

## ・不禁止特定食物，喜歡孩子勇於嘗試

常聽到很多家長禁止孩子吃某些特定的食物，但我們家沒有絕對什麼不允許吃的東西，我喜歡孩子們什麼都勇敢嘗試，只要不危害健康都可以。或許因為家裡大人本來就沒有什麼飲食的不良偏好，所以孩子也就很少接觸到所謂的違禁品。

記得以前在春節期間逛花市，很多店家都有擺糖果要送給小朋友，其中有個熱情老闆上前來要請小豬小羊吃，那次大概是他們第一次接觸軟糖，一吃下口馬上向媽媽求救，說糖果把牙齒黏住了，兩個人嚇得要命，自那時起就不喜歡吃糖果，而我當晚也趁機講了與糖果相關的故事給他們機會教育，讓他們對糖果黏牙的印象更深刻。

不過，雖然他們不喜歡吃糖果，但對於多數小孩最愛的巧克力，小豬小羊卻也不例外地喜愛，只是他們不喜歡甜度很高的巧克力糖、或是牛奶巧克力，反而特別偏愛高純度可可。我也跟他們說過，可以吃糖果、巧克力，只要事後會乖乖漱口或刷牙，就沒問題！因為我在意的是孩子牙齒健康，即便是乳齒，也一定要幫他們照顧好。

## • 站在孩子角度設想，挑食其實不嚴重

和讀者交流時，常被問到若孩子挑食該怎麼辦？其實我不覺得孩子挑食是一件很嚴重的事，世界上可以吃的東西那麼多種，為何要一直逼他們吃下不想吃的東西呢？因為就連我們大人也會對食物有所偏好了，若總是叫你吃不喜歡的食物你會開心嗎？所以有時我們也得站在孩子的立場去為他設想。

舉小豬的例子來說好了，自從他可以自己吃飯之後就不喜歡直接單吃綠色的蔬菜，於是我會換個方式讓他選擇喜愛的燕麥、地瓜、南瓜等其他蔬菜類來補充維生素與纖維質，這樣一來，也讓小豬在排便方面沒有困擾。當然有時我們可以利用炒飯、煎蛋捲、蔬菜湯等，在料理過程中去添加綠色蔬菜小丁，讓孩子藉此吃下，這也是另一個讓孩子攝取平常比較攝取不到的食物的方法。

## 一起料理，
## 讓親子關係更緊密

在還沒有懷小豬小羊的時候，我和大豬就已經很喜歡夫妻一起下廚的感覺，尤其最愛在收假前一天，好似為了隔天要開始上班而儲存體力一般，煮一頓豐盛的大餐犒賞彼此工作的辛勞。雖然小豬小羊出生後佔據了我們許多的時間，但我們對烹飪的熱情依然不減，所以有了孩子之後還是喜歡全家一起在廚房忙碌的感覺，也因為如此，搬到新家後我們把家裡最大的空間當作廚房與餐廳，整個開放式的設計很容易把孩子拉進料理的氛圍裡。

### ・耗時卻值得體驗的親子共廚時光

一起下廚的時候，我的責任就是謹慎地佈置好廚房安全的環境，然後放心把部份料理的步驟交給孩子們自己動手做。對於孩子們的參與，我總是用鼓勵與讚美讓他們能開心地享受料理的樂趣，有時就算只是幫忙放一匙鹽巴，對孩子來說就是莫大的喜悅。

每當我看著小豬小羊兩人穿上圍裙、自己洗完雙手，然後張大眼睛充滿期待地問我「可以讓我們幫忙了嗎？」的時候，心頭總覺得好暖、好幸福！下廚的時候，有他們陪著我在廚房裡忙碌，雖然做菜時間可能會花久一點，但是這個豐富的過程卻是很值得我們花時間去共同體驗的。

### • 烘焙步驟多，孩子參與機會多更多

由於白天多半由我一人照顧他們，所以當他們還在地上爬的時候就常常在腳邊陪伴我做菜，那時他們倆還無法站立著參與料理，但是偶爾會爬進廚房裡「玩」食材，滾滾蘿蔔、拍拍高麗菜、撿撿豆子、摸摸穀物等，玩得不亦樂乎，透過這樣的方式，讓他們除了玩耍之外，也藉此認識了許多食物的原貌。

等到小豬小羊長大了一點，可以參與料理的能力也多了一些，我們就更常一起下廚。我們最喜歡一起烘培，因為烘焙的製作過程中有比較多的步驟是孩子容易參與的，比如說備料、秤重、拌勻、塑形等，當然平時的三餐他們也很喜歡進廚房幫忙，從早上的現打咖啡、烤麵包、切水果，到其他時間的餐點準備，如洗菜、切料、打蛋、調味等都是這兩個小幫手最愛做的事。

### • 互相信任才能保有共廚的樂趣

當下廚機會一多，我便開始耳提面命地告訴他們廚房裡有哪些東西絕對不能碰，碰了之後會發生什麼危險，我講得越是清楚明白，自然他們也就越懂得保護自己免於危險。

我記得之前曾經在粉絲團發過一則小羊使用陶瓷刀的影片，當時就收到不少讀者的好意提醒，但其實在拍那個影片的前幾年，小羊就已經多次用玩具菜刀練習切了不少真的食物，她在很小的時候手指肌肉就已控制得很好，在拍攝影前的五分鐘我也都是一直握著小羊的手仔細練習，而在她提出了想要自己切切看的要求時，老實說，我自己也捏了一把冷汗啊！我們當時的對話如下：

我：「姊姊，你確定你要自己拿真的刀嗎？陶瓷刀很利喔，那是真的刀喔！不小心的話，只要碰到手指一點點就會流血喲！」

小羊：「媽咪，你相信我嘛～我一定會很小心、很小心、很小心的！拜託、拜託嘛～」

那一刻，我真的被她堅定的眼神、肯定的語氣給說服了，於是我決定放手讓她嘗試，也因為我們彼此間的相互信任，所以我們到現在還都很享受著親子共廚的樂趣。

# TIPS...

## 與孩子共廚的注意事項

### 01. 循序漸進的器具練習

簡單來說，我訓練孩子到廚房做料理之前，會先讓小豬小羊從廚房料理玩具、兒童專用料理器具、真實料理器具這樣的順序一路練習。

特別推薦讓孩子先使用玩具廚房，因為現在的玩具廚房擬真程度很高，不管是質感與設計，幾乎跟真實的相去不遠，讓孩子們邊玩邊學，再逐漸帶入真實的料理工具或食材這樣反而更能進入狀況。

### 02. 器具的選擇

一般我會喜歡選擇鋼質係數高的不鏽鋼、鑄鐵鍋或是未上漆原木工具，若是軟質的塑膠一定選擇耐高溫的矽膠。因為是廚房的器具，不管是玩具或是真實的料理工具，孩子都很容易放進嘴巴，更何況器具的作用也是輔助完成食物的製作，若是會有塑化劑溶出或其他問題，那也不是很令人放心，所以一定要選擇材質安全有保障的品牌。

# 如何讓孩子自己乖乖與大人同桌

很多與我們吃過飯的家人或是朋友都向我提過小豬小羊相當難得，竟可以這樣自己乖乖坐著吃飯，並且不會在餐廳走動奔跑。第一次聽到還以為是客套的讚美，當愈來愈多人這樣說的時候，我便開始觀察他們倆在餐桌上的行為。

## 01. 從小就要訓練自己吃飯

就像之前說的，就我一個人、一雙手，要怎麼同時餵飽兩張口呢？所以我很早就開始訓練他們倆要自己吃，儘管吃得一團亂，還是要學會放手。我會要小豬小羊吃飯一定要坐在餐椅上，穿上全身的圍兜兜與大人同桌吃飯，這樣你就不必擔心衣服髒了、濕了怎麼辦。他們從副食品餵食開始就是這樣的模式，所以已經很習慣要坐定位、要保持衣物的清潔。

若在外餐廳用餐，我會讓他們自己帶點小玩具、文具來打發等待上菜的時間，待菜上桌了，就要把玩具收起來專心用餐，吃飽了也必須試著耐心等待其他同桌的人吃完。特別一提，我不希望小豬小羊接觸太多的電子產品，所以我跟爸爸的手機在孩子面前除了打電話幾乎就是拍照的功能與音樂播放而已，我們沒有給的習慣，孩子也就不會有這樣的習慣。

## 02. 透過故事告訴他們餐桌禮儀

在小豬小羊很小的時候我曾經透過故事書告訴過他們餐桌上需要的基本禮貌，以及在餐廳裡奔跑的危險情境，或許是在他們還很小的時候我就這樣堅持與要求，所以一切就是如此順其自然地養成良好的用餐習慣。

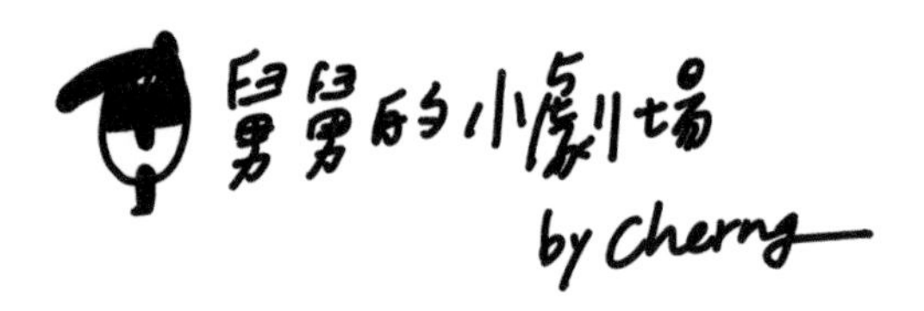


(某我在吃早餐)

我也要吃
麥面包～

你說舅舅好可愛
就給你吃

有種別走啊!

嘻
哈哈
飛高高—
放下—
...
飛高高—

# 03 小豬小羊玩心大發

有時一起玩，有時各自專注在自己的世界中，在名為「家」的遊樂場裡，雙胞胎用創意快樂玩耍去。

Children Safety. BMW Cares

FABER CASTELL

季草

三

# 家就是<br>最好的遊樂場

對於小豬小羊或是每個小孩來說，玩樂就是最重要的事，於是我把家裡的角落佈置各種不同的情境，有美勞繪畫角落、樂高積木角落、辦家家酒角落、舞會化妝台角落、圖書館角落、樂器角落，和賽車角落等，每個地方都用不同主題讓孩子們自己決定想玩什麼，有時他們不喜歡被打擾，自己一個人專注地玩著，有時也會找對方一起玩耍。

## ・用不完的點子，每天都要一起玩

比方說，小豬小羊最常玩在一起的遊戲類型就是廚房煮菜遊戲，通常兩人都會扮演餐廳老闆，很努力創造一些新菜餚，然後端上餐桌等待客人來享用。另外，他們也會假想自己是等一下要去參加舞會的公主，準備化妝並盛裝出席宴會，小羊負責所有的造型，小豬則決定誰扮演哪一個公主，著裝結束後就會繞場展示自己的優雅裝扮。當然，他們也很愛一起玩賽車，各自選擇一輛自己覺得厲害的小汽車，彼此競賽不同的項目。

除此之外，小豬小羊每天幾乎都會一起玩一次蓋房子、蓋城堡、蓋祕密基地的遊戲，他們通常都是趁我在廚房忙進忙出的時候，自己就會開始大搬家，有時利用所有的書本堆疊、有時拉出桌布覆蓋桌子，也有時是利用所有的玩具箱圍起來，他們總有用不完的新點子。

**・最愛的就是紙箱遊戲**

小豬小羊喜歡把自己擠在小角落，常會露出很有安全感的樣子。三不五時家裡要是有紙箱出現，兩個人一定馬上像國宅搶標一樣地渴望擁有，得到紙箱後再把自己的寶貝玩具放進去，同時還會把自己身體蜷曲縮入紙箱內，不僅會各自為家，偶爾還會拜訪對方。我在一旁看他們這樣玩，忍不住也呵呵地笑了出來。

三

## 各有喜好的
## 雙胞胎玩樂時光

### ・小羊逗媽媽開心的超級「媽逗」

雙胞胎在一起，除了有一起玩的項目，當然也免不了有各自感興趣的遊戲，姊姊小羊最愛玩的就是「媽逗」（Model）遊戲。之所以說是「媽逗」，是因為每每跟她一起玩這個遊戲，被逗樂的總是媽媽我呀！我曾經發現小羊在很小的時候有個可愛的舉動，就是她會學我將衣服配成一套擺在地上拍照，也把芭比娃娃的衣服這樣擺設，還自己拿相機有樣學樣地對著地板上的衣服拍了又拍。

等到稍微長大一些之後，小羊開始希望能將配在地板上的衣服穿在自己身上「走秀」，所以她很愛在衣櫥裡翻箱倒櫃，沈浸在自我搭配造型的「媽逗」世界裡。在粉絲團上傳不少小羊的穿搭照之後，很多人都會好奇我是不是讓小羊看很多時尚雜誌，但其實真的沒有，有很多讓大家嘖嘖稱奇的拍照姿勢確確實實都是由她自己發想，我頂多暗示她如果想展示衣服給媽媽看的話要怎麼做？然後她便會隨著快門聲變換姿勢。不過，她只願意在我的鏡頭前這樣做，因為她不是專業的 Model，而是我們家最會逗媽媽的「媽逗」，她能玩得開心也就足夠了。

### ・小豬愛車就把自己當成車

而說到小豬，大家對他的印象總是車子不離身，即便你們看他手上沒有抓車子，但其實大家看不到的內褲或內衣也應該都是車子的圖案，因為他真的很沈浸在「輪胎」的世界裡。

我在小豬很小時候就觀察到他對會滾動的東西有興趣，他之所以喜歡車子就是因為它們都有圓形的輪胎。他最常自己玩的車子遊戲就是挑選同類的車款，在地上找條線讓它們賽車，有時比的是速度，有的時候比的是「甩尾」。「甩尾」是爸爸教他的術語，他覺得很會甩尾的車超帥氣，也會將車子來回滾動聽聽看哪一台的輪胎有狀況，他自有一套對車子的見解，也常認真地評論。

小豬愛車愛得誇張，他甚至常將自己想成是一輛車，想像雙腳是輪胎，所以走路總是蛇形，小豬想耍帥時還會來個甩尾絕招，起跑時總會露出堅定的目光，假想自己正在賽車，氣勢十足。

### ・從日常觀察衍生逗趣小遊戲

除了各自有對遊戲的喜好，我發現小豬小羊還會透過自己的觀察、模仿與學習，衍生出一些屬於他們自己的小遊戲。

像是小羊在還不會說話的時候，嘴裡含著奶嘴就玩起幫小豬洗頭的遊戲；他們兩人可能想要學公園裡的大人遛狗的樣子，於是拿著緞帶綁著心愛的車子或玩偶在家裡拖行。或者，小豬自己還曾到廚房拿砧板自創斜坡，讓車子排隊溜下。偶爾，兩人還會躲在桌下或牆角，把所有玩具或書本全搬出並圍成一圈就說是他們的家園。

而洗澡時能變化的把戲可就更多了，小豬小羊會把洗頭的泡沫留下來想像是發泡的蛋白，小水桶是他們的打蛋盆，牙刷則成了他們的攪拌棒，兩人就這樣開始了想像遊戲，有時是蛋糕製作、偶爾變成麵包發酵，三不五時還會變成冰沙店，要不然就會用手掌轉動小方巾，轉場成熱門披薩店裡忙得不可開交的劇情，天馬行空的創意就成了催化遊戲樂趣最重要的一環。

# 玩樂需要學習，也需要共識

## 01. 要玩就要玩到位

我覺得孩子的玩樂就是要盡興，而且玩得很到位。不管要舞會盛裝、變身超級英雄，或人體彩繪等，一定都得要盡力打扮自己，盡量準備充足，若沒有現成的物品就要自己利用周遭的東西來製作，就算用紙做成也都很棒。

透過這樣的玩法，我讓小豬羊習慣很多東西就算買不到也可以自己動手做，於是當他們很想變成蝙蝠俠的時候，就會自己畫眼罩。還有一回，小羊就利用了包裝衣服的紙製作了一整身長到地板的公主洋裝，甚至連小豬也懂得用緞帶變成公主長髮，或者將外套披在肩膀上當作是超人披風，DIY 反而更能激發孩子們去創造更多事物。

## 02. 養成特別日子才能買玩具的共識

小豬小羊還不曾大吵著要買玩具，只有很撒嬌地跟我們暗示說「這個玩具好棒、好特別喲！」因為每次當我們要進入玩具樓層時，都會先孩子們說好，只是去看看喔，買玩具是要等到特別日子才會帶你們來挑選，有了這共識後，他們反而會常問「我生日還有幾天才會到啊？」。

但如果當我們覺得那項物品不值得買的話，通常我們會請他們拍下照片，以檔案來做紀念，回家偶爾還可以看看它，或者也會對小豬小羊說，把這個玩具藏到貨架最裡面，下次來再來看它。

## 03. 建立收拾玩具的作息

每天晚餐結束後便是大人需要整理廚房、餐廳的時間，平日已經習慣掃地機器人工作排程的孩子們會擔心心愛的玩具被機器人「吃掉」，所以每晚時間一到就會很認真地收拾自己的玩具。當然，我也得在一旁指揮分類才行，因為當孩子們一整天下來已經累得有點思考錯亂時，總是需要一點鼓勵才得以順利完成收拾工作。

除了常態的收拾，有時他們也很熱衷邊收玩具邊演戲的橋段，特別是爸爸出差的時候，我常要扮演可憐的灰姑娘，當家事忙不完時就需要好朋友來幫忙，而此時小豬小羊就會扮演起兩個善良的公主，熱情又熱心地幫忙著我不說，還會邊收邊告訴我不要擔心，真的好可愛。

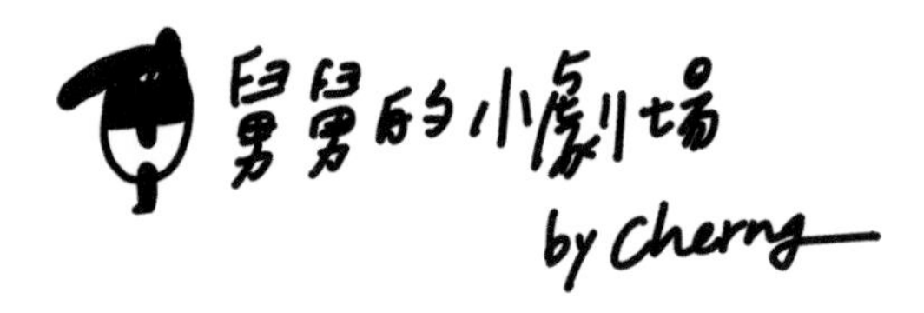


小豬小羊喜好玩具分析表

| 玩具 人 時間 | 小羊 | 小豬 |
| --- | --- | --- |
| 0-1歲 | 小狗等動物的布娃娃 | 車子 |
| 1-2歲 | 芭比娃娃 洋娃娃 | 車子 |
| 2-3歲 | 家家酒系列 化妝組玩具 | 車子 |

製表：Cherng

他們跟小朋友玩耍
的方式也很瑜珈

小豬小羊！
叔叔變成
一張桌子了！
快把東西放
上去吧！

快來這邊過山洞♥

# 04 小豬小羊 手足情深

雖然有時會吵架、有時會爭寵，
但更多時候，
雙胞胎窩心的互動讓我比誰都感動。

Qlix

# 讓人感動的
# 雙胞胎互動

小豬與小羊打從娘胎彼此就不曾分開，這樣的手足情誼非常可貴，只是姊弟間難免爭吵，有時還會爭寵，甚至在氣頭上還會希望對方消失，但若看不見對方時又會擔心，所以他們根本打從心底深愛與依賴彼此。

## • 自然而然的姊弟關係

當小豬小羊還在我肚子裡的時候，我跟大豬爸爸就很慎重地討論過好幾次，應該讓他們當兄妹還是姊弟？現在回想起來，這樣的討論似乎是多餘了，因為兩人自然而然地就成了姊弟關係。

這兩個孩子的互動很奇妙，或許是我從很小就教導他們「在我們家就是女士優先」的緣故，所以不管是洗手、入座、意見表達等各種時候，小豬都會禮讓小羊優先。也因為這樣，所以我觀察到當他們在自己玩的時候，總是由小羊先嘗試、示範，然後小豬也就很習慣地先在一旁看，過一會兒後，才會很禮貌地詢問小羊「可以換我了嗎」？

## • 姊姊是弟弟的榜樣

在兩人相處的時間裡，大部份都是弟弟聽姊姊居多，不過有時也要看他們正在玩誰「負責」的遊戲或玩具，比如說，在小豬的汽車世界裡，是由他來分配可玩耍的車款，以及規定比賽的路線方向。但一旦到了小羊的化妝台前，弟弟就會很認命地等著被擔任造型師的姊姊搭配服裝造型、做臉、做頭髮。

在雙胞胎的生活裡還有個逗趣的現象，就是小豬很愛重複小羊說的話，還很愛觀察小羊的行為。還記得小時候某個階段，孩子們很愛拿起想像中的電話，嘰哩呱啦地說個不停，而那時小豬常像個小跟班一樣，一直在旁邊重複或補充姊姊的話。不過，等到長大了一點，小豬也愈來愈有自己的意見要表達，那一陣子他很擅長用「聽我講！」來打斷那些不讓他發表意見的人。

### • 與生俱來的姊姊架勢

在成長過程中，由於姊姊小羊所有的發展，不管是學坐、爬、站、走，甚至自己餵食、戒尿布等，每個重要的成長變化總是超前弟弟小豬許多。所以可想而知，他們彼此間的互動也多半是弟弟模仿姊姊、姊姊幫忙弟弟居多。

一般而言，小羊習得新技能的速度比較快，於是她常常出於善意地主動幫小豬完成動作，像是穿襪、穿鞋、穿衣、扣釦子，好幾次我都看到小羊彎下腰、低下頭的很努力的在幫小豬著裝。看過姊姊照顧幫忙弟弟的畫面後，久而久之，大家都會認為小羊真的很會照顧小豬。

不過，我猜那可能是剛學會新技能時的新鮮感，所以小羊才會想多把握機會自我練習吧？因為最近我發現小羊不再幫小豬著裝了，她反而在弟弟穿衣服時，會在一旁念著「你們不要幫他的忙啦，要讓他自己練習才會。」哈！她真的好有姊姊的架勢。

### • 讓媽媽感動的手足互動

記得曾有過一個讓我們印象很深的互動，當不會擤鼻涕的小豬在用吸鼻器吸鼻涕時，愛乾淨的小羊竟然不怕碰到髒鼻涕，反而一直很努力、很有耐心地幫忙小豬，這樣溫柔的互動，讓我在一旁看了都很感動。除此之外，其實連洗澡時，小羊都會想要照顧小豬，她好像扮演媽媽的角色那樣，幫小豬搓頭、沖水、刷背，甚至連洗屁股她都沒問題呢！

此外，小豬還有個特別的習慣，就是他很喜歡人家幫他抓背，而通常他都是來要求媽媽幫忙，但每回遇到這個狀況，熱心的小羊總愛搶著做，每次才剛聽小豬喊著背癢，下一秒隨即會看到他維持姿勢不動，同時嘴巴還微張的享受模樣，因為這時小羊已經立即向前，一邊認真在替小豬抓背，還一邊細心地問著「還有哪裡會癢？」。

在公共場合，我時常看到小豬小羊會主動牽起對方的手，感覺要一起勇敢面對很多事情，或是當他們自己感覺到開心幸福的時刻，彼此都會高興到抱抱親親對方，似乎想把最快樂的事情一起分享，每次看到這樣的畫面我都覺得有兄弟姊妹真好，他們真情流露的手足情誼讓我好感動。

# 生活有歡笑
# 當然也有吵鬧

由於孩子漸漸長大，在外參與的課程與活動也愈來愈多，所以我也讓小豬小羊開始習慣沒有午睡時間，通常一大早起床後，他們總是和和氣氣、相親相愛地玩在一起，有時兩個人還要好到不希望我加入他們的小團體。

不過，每當時鐘指針走到下午三點鐘，家裡的氛圍就會起了微妙的變化。小豬小羊會突然變得很不想跟對方玩，看到對方就會覺得想捉弄，許多不和諧的狀況就會在那個時刻發生，這種我們家獨有的「三點症候群」真是屢試不爽，非常精準。

所以常常有人問我「小豬小羊看起來感情好好喔！是不是都不會吵架啊？」這當然不可能啊！大家會一直看到和樂融融的場面，其實是因為我喜歡拍攝小孩開心的樣子，當孩子們都在不高興、哭鬧、爭執的時候，我排解他們的糾紛都來不及了，怎麼還有空拍照呢？

## 最高原則就是不能動手

遇到小豬小羊兩人意見不合的時候，通常我都會聽他們自己講述，兩方都要講出爭吵的原因，我再判斷如何解決。平時一般的爭吵我都不太會處罰孩子，但在我們家，最嚴重的狀況就是「動手打人」，所以我一直耳提面命地告誡孩子，不管遇到多麼不合理的事情都不可以動手，只要犯了這個錯，就會被我嚴厲地處罰。

處罰的方式就是站在一面白牆前面壁，同時雙手還得緊貼住牆壁不能離開。如果是兩個人都有出手，不管誰是動手，還手的人也都得一起罰站，立刻喪失遊戲玩耍的資格。

### • 訓練孩子在爭吵中理性地表達

玩耍是小豬羊生命中最重要的一部份，當被剝奪掉玩耍的權利，他們就會感到非常難過，也會認真反省自己犯了什麼錯。我會這麼堅持要小豬小羊不可動手打人，是希望鼓勵孩子要將吵架的原因說出來，不管告訴長輩，或是求助旁人，一定得理性地表達，而非情緒性地以暴制暴。

還記得小時候都是小羊先動手打小豬，後來因為處罰機制開始實行的緣故，她也漸漸懂得我們的要求，當面對不公義的情況，她就會來「投訴」。而現階段，小豬弟弟仍需努力，因為原本一直處於挨姊姊打的他，最近開始懂得反擊，但往往一發動攻擊，姊姊的警報器就會作響，下一秒就會來哭著對我說「弟弟打我，嗚嗚嗚⋯⋯」此時，我們家的調解委員會當然就得開庭了。

### • 哭泣的原因成了珍貴的記憶

寫到這突然想起舅舅無心插柳的成名之作「#jespercrycry」，這個舅舅拍攝正在哭泣的小豬，並標註其哭泣原因的系列引起非常大迴響，有很多人問過我對於舅舅勤拍小豬哭點的行為感受是如何？對我而言，每個孩子會笑當然也會哭，像我在前面提到的，遇到狀況時，我排解孩子的爭執、哭鬧都來不及了，根本沒有時間去記錄混亂的當下，而且說真的，小豬在幼兒期哭泣的原因真的很可愛，也多虧舅舅詳實地記錄，透過他鏡頭所拍下的照片，更讓我覺得這份回憶超級寶貴。

### • 修補後的甥舅關係更緊密

現在，小豬長大點更懂得表達自己之後，比較少以哭來表達自己的喜惡，但在那段愛哭的時期，也曾有人問過我「小豬是不是很不喜歡舅舅？」雖然有點出人意表，但這問題的答案是肯定的。我們得知他不喜歡舅舅的時候相當震驚，由於那時小豬在舅舅面前親口告訴我們「因為我哭的時候舅舅都給我拍照。」我們這才明白他對此事很介意，而舅舅當下也答應小豬以後絕對不再拍他哭的樣子，希望能挽回甥舅之間的感情。

自那天起，小豬與舅舅兩個人的感情愈來愈好，加上爸爸長期出差的緣故，小豬對舅舅的依賴也日與漸增，兩個人後來還要好到有自己的共同話題，甚至他也願意跟舅舅單獨相處，甚至一起出門，兩人的互動就像好朋友一樣，讓我看著看著也有些驚奇呢！

## 比起性別差異，因材施教才是教養重點

有很多人會問我，雖然小豬小羊同齡，但男生、女生畢竟還是有些差異，在教養上是否也會因此有所不同？我覺得撇開性別不講，每個人都是一個獨特的個體，有著不一樣的外表、不一樣的內在，更有不一樣的個性與喜好，所以我對於孩子的教養方式絕對是施行因材施教。

### 01. 多給點時間讓孩子進步

對我而言，男女最大的差異就是心智成熟度的發展速度有別，對於努力在小羊後面追趕的小豬，我不想去催促他要跟姊姊一樣，也不會去比較他和姊姊的差別，我反而會給他更多的時間去進步，畢竟相較於女生，多數男生的生理與心理發展就是會慢一點。

### 02. 謹慎處理孩子心情

然而，對於古靈精怪的小羊，我也會很謹慎處理她的心情，因為她超齡的表現或反應，有時真的會讓我倒抽一口氣啊！我也深怕敏感的她誤會爸爸媽媽對於弟弟進步的等待是一種不公平的對待，所以也時常跟她解釋著這點，希望她能夠理解。我常直接地對小羊說明她與小豬從小發展與成長的差異，讓她了解原來自己比弟弟學習更多、更快、更好，也會提醒她自己在很小時候有多麼地幫忙弟弟，讓她也成為鼓勵弟弟的一份子，如此一來她也能很有成就感。

### 03. 從講道理來建立生活禮儀歸範

對於一般平日的教養，我喜歡跟他們講道理，他們倆也很愛聽道理，除了講道理，我更會趁機補充一些活生生的實例。比如說吃飯的規矩，為什麼要好好坐在桌子吃飯？因為專心吃飯很重要。為什麼專心很重要？因為專心吃東西就不會掉滿地，在享受美食的時候可以認識每樣食材，也能感受到煮飯者的辛勞。如果不專心吃會怎樣？有可能會噎到、嗆到、吃到不對的東西。在告訴他們這些道理時，我還會舉出爸爸小時候邊吃邊玩的調皮事，生動地描述爸爸被餐具插入喉嚨、舅舅心愛玩偶掉到熱湯裡面等意外事件，當他們倆聽得津津有味的時候，也在無形中牢記下生活禮儀的規範。

## 04. 用大人的言語溝通

我記得在某次的課堂上，老師非常誇張地使用疊字，充滿像是「羊羊豬豬」、「喝喝水水」、「腳腳蹲蹲」、「頭頭低低」、「手手拍拍」等用詞，只見小豬小羊聽了好一會兒後，一頭霧水地回過頭來跟我表示他們聽不懂，我當時回問他們「老師不是都講中文嗎？」但小豬小羊異口同聲地告訴我「對啊！可是他講話都好奇怪，我真的聽不懂」。

小豬小羊會有這樣的反應，其實是因為我們夫妻倆喜歡用大人的語言來和他們溝通，所以這些充滿疊字的「寶寶語」，反而讓小豬小羊聽得很不習慣。我覺得用大人的語言來和孩子溝通，是一件很自然的事，何必為了孩子創造另一種語言，不僅能幫助孩子語言發展，也比較能夠讓他們理解實際的大人社會如何溝通，比方說偶有些重大新聞事件，我們也不避諱地給孩子們適當的機會教育，甚至是參加某些公益活動的時候，也一定要讓他們懂得前因後果，以及為什麼要幫助這些人。我認為孩子遲早要面對現實的生活，我們又何必編織出充滿童話可愛環境的假象呢？

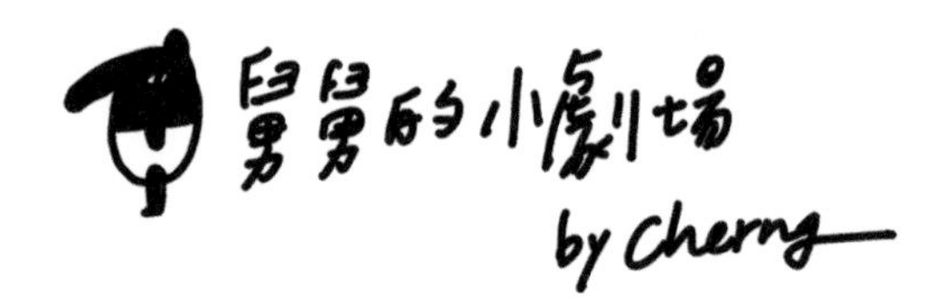

#Jespercrycry

三歲的小羊
上廁所會尋求協助
因為不夠高
要我抱她坐上馬桶
唏哩刷啦唏哩刷啦

唏哩刷啦唏哩刷啦
你有被我的聲音
嚇到嗎?

# 05 小豬小羊說學逗唱

活潑地唱歌跳舞、優閒地看書畫圖，
雙胞胎動靜皆宜，天天展現才藝演出。

# 唱歌是
# 快樂又放鬆的事

在小豬小羊很小的時候，他們兩個就很容易就隨著有節奏感的音樂擺動，再長大一點就含含糊糊地跟著歌詞唱歌，遇到有興趣一學的歌曲便會想要知道歌詞的意義，開心的時候還會自己加入舞蹈，小豬小羊大概就是這樣自己摸索出唱跳的方式。

小豬小羊一直都非常喜歡聽音樂，而小孩最容易在車上隨著播放的歌曲學會唱歌，不少兒歌都是在出遊時的車程中，反覆聽幾次就會哼唱了，有時在車上兩個人甚至還會講好如何合唱，非常可愛。

我並不會期望他們一定要學什麼樣的才藝，目前就只是從旁觀察孩子們自己的發展，因為我希望有一天是他們自己跑來告訴我想要學什麼，我們再適度的幫忙引導他們去學習。現階段的小羊很有興趣彈琴、打鼓，也很熱衷於舞蹈，而小豬則因為崇拜盧廣仲，所以非常愛帶著一把烏克麗麗撥呀撥的，彈奏的架勢十足，相當有模有樣。

## 從媽媽哼唱中愛上唱歌

在小豬小羊小嬰兒時期，當燈暗下來要睡覺時，我都會哼一些像是搖籃曲般的歌安撫他們入睡。若讀者有印象，我曾錄過小豬唱睡覺歌給蝴蝶聽的片段，那就是首沒有歌詞的歌，因為我曾嘗試把歌詞唱出來，但小豬小羊就會挑出字詞來問我意思，太過專心詢問反而睡意全消，所以我最後才都變成用「嗯嗯嗯嗯」的方式來哼歌。不過，我也知道他們問歌詞就是有想學的意思，所以我隔天就會跟孩子們一起唱出有歌詞的曲目，讓他們也可以好好學唱。

像之前在粉絲團上被大家熱烈討論的〈寶貝〉這首歌，就是他們透過我的哼唱而接觸到的流行歌曲。說來好笑，這兩個傻孩子就是因為瞄到我唸書時期的長髮照，於是便天真以為音樂錄影帶裡長髮的張懸就是媽咪，因此才迷上那首歌。

## • 學唱歌學上癮，一首接一首

不只是國語歌，小豬小羊還學了〈望春風〉這首台語歌。起因是他們某次在美珍阿嬤家聽到她自彈自唱這首歌，當時小豬小羊專注的表情直到現在我都還記憶猶新。還記得當天回家後小豬小羊隨即表示想學，那晚睡覺時還要求我哼出曲調，而我擔心會教錯他們，還很認真地上網找出正確的台語發音，大概教了兩三天後，沒想到小羊突然跟我說：「媽咪，你可以唱阿嬤的版本嗎？」我只好隔天請阿嬤特別自拍錄製了一段影片教學，之後小豬小羊也三不五時要我播給他們邊聽邊唱。

唱歌真的是一件很好的事，每次看孩子們自己陶醉在歌曲裡的時候，真的感覺他們好快樂也好放鬆，尤其是當他們迷上盧廣仲之後。那次剛好不經意在車上翻出大學時期的音樂合輯，播放到盧廣仲〈OH!YEAH〉這首歌時小豬就一直要求重播，問他為何如此喜歡聽，這個原因真的好可愛，他說：「因為這個人一直唱 Sonic Sonic Sonic 喜歡我」（那陣子小豬很喜歡音速小子的主角 Sonic，但其實歌詞是「你說 你說 你說 你喜歡我」）當時聽到他這麼說我跟爸爸都笑慘了！播了幾次後便開始跟著唱，自那時開始就著迷到現在，只要一上車就在找這首歌。聽到後來連姊姊也喜歡上這首歌，其中最瘋狂的是要求我們搖下車窗，讓他們對著路人獻唱，小豬唱完還會很自豪地轉過頭來跟我說：「媽咪，剛剛那個伯伯在看我唱歌耶！」 而另一頭的小羊還會拿著扇子假裝成吉他，又彈奏又合音，一路上都好精彩熱鬧！

## • 宛如巨星開演唱會的架勢

原以為小豬小羊對這首歌只是短暫的喜歡，頂多在車上聽聽而已，殊不知他們回到家也想聽，接著還開始上 Youtube 觀看所有盧廣仲的音樂錄影帶，不只學唱，還學他的舞步。見小豬小羊似乎是真的非常喜歡盧廣仲，我就問他們：「以後如果盧廣仲有開演唱會，媽媽再帶你們去聽好不好？」沒想到兩個人異口同聲回答：「不好！」正當我覺得納悶之際，他們趕緊補充說道：「我們要跟盧廣仲站在舞台上一起唱，不要只站在下面聽而已！」這對把自己過於神話的姊弟還真誇張啊！

小豬小羊雖然愛唱歌，但若要他們在陌生人或眾人面前表演，其實很容易害羞怯場。不過，只要氣氛一熱絡起來，他們也會很興奮地人來瘋。記得某次爺爺奶奶來家裡看孩子，我正在廚房裡忙著，沒想到一回頭竟然看到兩姊弟各自在準備樂器、大眼鏡，還關上大燈準備開唱，表演曲目就是〈OH!YEAH〉，他們熱力四射的演出逗得爺爺奶奶好開懷，好笑的是，當他們表演結束後，還問爺爺奶奶要不要一起拍照呢？一整個以為自己是巨星在開演唱會一樣，極為逗趣。

## 各有風格的舞蹈細胞

而除了唱歌之外，小豬小羊的舞蹈各有千秋，最早發現他們會跳的舞步是跟著節奏感強的音樂上下蹲、左右擺，小羊姊姊在剛學坐的時候，有過明顯的舞動，那時她坐在兒童椅上聽到黃立行的〈音浪〉，興奮地前後點、左右擺，好像想跳舞一樣。而小豬弟弟一直到會站，我們才發現他很愛用上下蹲的律動跟著節奏舞動。

而他們的舞蹈啓蒙大概是韓國的 PSY 叔叔吧？！第一次聽到這首歌時，兩人還不太會講話，走路也不穩，就想學著 MV 裡的主角跳舞，不過舞步完全跟不上，只好自己編了屬於寶寶們的舞步。巧妙的是，當時他們倆都還不會彼此溝通，竟然就會在同一個節拍跳同一種舞步，不知道他們是怎麼辦到的？

# 畫畫讓孩子們
# 開心又滿足

相對於唱歌這樣活潑的才藝，小豬小羊在靜態的繪畫與說故事方面也讓我很驚訝他們的表現。由於我習慣在睡前為小豬小羊說故事，三年多來各種題材都有嘗試過，我發現貼近日常情節的繪本對孩子們比較沒有吸引力，但只要是警察、小偷、海盜這類生活中比較不可能遇到的情節，或是擬人化的主角如動物、物品或神話中的人物，他們反而都會很著迷，說故事時看著小豬小羊那充滿想像力的眼珠子轉呀轉的，就知道在他們腦中一定已經出現了好多奇幻的畫面情節。

不只是我會說故事給他們聽，小豬小羊也學會自己說故事。孩子們第一個會講的故事是我買給他們的第一本繪本，安喜亞．賽門絲（Anthea Simmons）的《分享》。故事內容是描述一對姊弟學習如何分享生活中的一切，非常的可愛。我記得當時小豬小羊都很喜歡這本書，還會把自己投射成故事中的姊弟，每次把故事說到結尾時，他們都會和書的情節一樣，一起抱著我，說好一起要分享媽媽，這溫馨的舉動讓我心頭好溫暖。

### 雙胞胎大異其趣的繪畫主題

除了會說故事以外，小豬小羊各都對繪畫充滿興趣，兩人的創作主題大異其趣，小羊最喜歡畫人物，她最愛幫畫中的人物搭配髮色、眼影、口紅與服裝，而小豬則最喜歡畫車子，他擅長運用創意畫出各種形體的車子，最後再搭配上有趣的輪子。

隨著小豬小羊慢慢長大，他們的繪畫主題也隨之日與俱增，他們開始嘗試畫出日常生活中常見的動物、物品、人物等。有一次小羊很認真地陪我列出採購清單，我一邊寫著，她竟一邊用自己的想像力畫下牛肉、起司、雞蛋、青菜、香蕉等許多品項。而小豬的例子也很可愛，某天因為親眼看見爸爸正用熱水燙死一隻大蟑螂，這畫面突然激發了他畫蟑螂的靈感，不只知道要用咖啡色的筆來畫，而且還畫得出是六隻腳，觀察力真是敏銳！

## 完成作品後的分享，是讓人滿足的過程

對於小豬小羊來說，他們喜歡的不只是畫畫的過程，他們兩個人畫完總是希望能與我分享，更期待我能給他們回應與評論，在這個時候，我一定會以很喜歡又肯定的語氣鼓勵他們的創作。偶爾遇到我手邊正忙著家事時，我還會故意多給點建議，告訴他們：「或許你可以再加點東西喔！」、「或許你可以再多點顏色！」一方面讓他們把作品變得更豐富些，另一方面我也好把家事忙完。當他們真的完成一幅曠世巨作時，我會很謹慎地收藏在作品箱，告訴他們有一天會把畫作掛在牆上裝飾家裡，這時兩個人也會露出很神氣的表情，開心又滿足。

也因為家裡有個身為插畫家的舅舅，若小豬小羊畫畫時舅舅出現在身旁，他總會被請求畫出一些高難度的圖案，例如八百年不見的音速小子、在不看範本的情況下要畫出《汽車總動員》裡弟弟所謂的暴牙、日本車，或者美麗的公主。此外，小豬小羊也喜歡讓舅舅猜猜自己畫的是什麼？如果被猜對了很高興，若被猜錯的話就要舅舅補充幾筆，讓畫作更完整。

## 媽媽嚴選小豬小羊代表作

小豬小羊畫過的作品繁多，愛畫人物的小羊平常很愛以我當主題，後來除了我之外，偶爾會加入自己、弟弟、爸爸、舅舅，甚至其他家人朋友。其中，我最愛一張小羊的

作品，畫作中她畫了我跟他們姊弟倆，還一同搭配了親子裝，畫面裡的姊弟貌似相親相愛，是幅很有愛的作品，當時我問她怎麼沒有爸爸，她竟然跟我說他去出差了，後來幾天，我就發現小羊偷偷補上爸爸這個角色了，而且也是件橫條衣呢！

而小豬也有張讓我特別驚訝的畫作，由於他以黑輪胎或藍車子為主題的創作持續了約一年之久，在某天突然以四個英雄為主題，畫了張充滿色彩與細節的作品，在看到作品的當下我真是又驚又喜！

但其實，小豬畫得這張圖非常不好辨識，困難到連我都猜不出來，要不是他靦腆地介紹著自己的作品，我永遠也不會猜到。在經過小豬說明後，我才發現他的畫別有用心，畫作裡的美國隊長用圈圈表示盾牌，蜘蛛人身體上的方格表示蜘蛛網，比其他英雄還寬胖巨大的就是綠巨人，而身體中心有一塊黃色色塊的就是鋼鐵人很明顯的象徵。搞懂整幅畫後，覺得小豬真的是太可愛了！

# TIPS... 讓孩子自然接觸想學習的事物

我喜歡讓孩子自然接觸到想要學習的事物，就像我佈置家裡的活動空間一樣，不同角落有不同的主題，讓孩子們自己選擇想要玩的、想要學習的項目，這樣才能培養出自己的興趣。除了玩具以外，有關音樂或美術的才藝我也都置入其中。如此一來，當小豬小羊想要畫畫、創作的時候，就會自己去準備東西；有時興致一來，想要彈琴、彈吉他，他們會找張小椅子坐著就合奏合唱了起來，此時我若加入他們，小豬小羊就會更投入。

### 01. 爸媽一同參與、用小物增加遊戲豐富度

很多時候不只要誘發孩子，讓他們有興趣參與，若爸爸媽媽能一起參加的話則會更加分。比如說，我們很喜歡拿出超大的紙張方便全家人一起作畫，在以海底世界為主題時，大家會各自發揮，畫出想畫的海底動物。此時，我還會在一旁建議小豬小羊能補充哪些東西讓畫面更豐富，或是提供不同的素材讓他們剪貼運用，不同的工具讓畫畫不只是畫畫，也增加活動的豐富度。

我很喜歡把漂亮卻用不到的東西留著，像是包裝紙盒、鐵盒、包裝衣服的紙、蛋糕紙盤、吸管、捲筒等，這些東西在被丟棄前都可以讓孩子們運用創意，自在地去做美勞。久而久之，孩子們慢慢也懂得珍惜身邊的資源，還學會利用這些小東西自製成一些有趣的玩具，這樣一舉數得的方式，真的很棒。

### 02. 善用網路資源，當孩子最熱情的觀眾

在孩子學習才藝時，如果我會我就會教他們，此外，我也會善用 Google、 Youtube 作為輔助工具，網路上的資源無限，有時別人做得更好，值得我們去學習。在國外，把自己的專長或興趣分享成影片或文字是很常見的一件事，所以我也很鼓勵孩子可以培養各種興趣，不管是喜歡畫畫、勞作、變裝、玩車子、堆樂高，只要你專注花心思，都是一個很好的興趣培養。

而當孩子們在熱力地表演才藝時，我總是當個熱情的觀眾，小豬小羊最喜歡的橋段不外乎就是表演結束後的粉絲合照，於是我除了要給予如雷的掌聲，還要配合演出瘋狂粉絲，要求與他們合照。甚至當他們自認完成一件創意品時，我還得像記者一般，去訪問他們製作過程、創意心得，而且一定要表示讚嘆！

### 03. 爸媽自己也和孩子一同學習成長

「媽咪你教我，我不會！」這樣的問題一丟出來，做媽的一定想辦法學會來教他們。由於我本身也是個興趣廣泛的人，所以對於新事物的學習特別喜歡。因為孩子的關係，我也學了許多新技能，比如說編髮。當小羊有了第一個娃娃後，她就想學編頭髮，於是我們一起上網找了教學影片，她編娃娃的頭髮，我編她的頭髮，後來我因此學會整理小羊的長髮。

至於小豬想學的項目就十足像個男孩，他曾向我詢問過修理工具的用法，為此我也大概學習了工具名稱與操作方法來示範給孩子看，最後還找了組孩子用的工具玩具讓他們練習。

### 04. 用照片收藏孩子的珍貴作品

小豬小羊創作繁多，日積月累下來的數量極為可觀，所以如何收藏這童年時期獨一無二的作品就成了一大課題。

別具意義的紙張作品我會用掃描的方式歸檔，在立體的勞作或創意作品完成的當下，我會先以拍照的方式加以保存，之後便會先擺在家裡當裝飾一陣子，此舉會讓小豬小羊覺得很有成就感。等到相片累積到一定的數量後，我希望能做成一本相片書永久收藏。目前我都將照片存放在 flickr 網站上的相簿裡，這方法能讓我三不五時地跟著孩子一起回顧以往的作品，另一個優點則是不管身處何處，只要登入帳號即可隨時將這些珍貴回憶與家人共享。

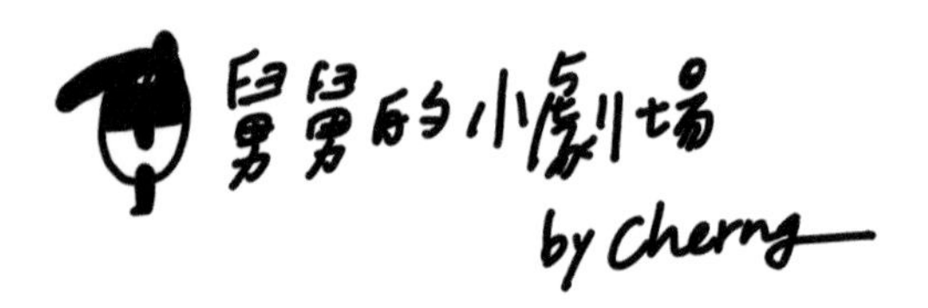
舅舅的小劇場
by Cherng

誰會幫馍馍
塗顏色
我會!
我會!

最愛馍馍了!

好棒呀!
(但顏色反了)

他們看到我會畫他們喜歡的
東西後就開始崇拜我了
好歹我也是個知名插畫家
（也是一個很隨便
的公主）
憑印象畫出的公主 與音速小子
（其實非常不像）

# 06 小豬小羊個性穿搭

簡單、大方的設計再配上對細節的重視才是我與雙胞胎最愛的穿搭祕方。

雞冠花

28
BLACK COFFEE
WHITE COFFEE
FILTER COFFEE
OPEN
-Out
Ice / Hot

三

# 時尚就是
# 創造屬於自家的風格

我是個很不愛趕流行的媽媽，所以在幫孩子選擇服飾與配件時都會先在心裡問自已，是否也願意穿著這樣出門呢？我不可能把一尊印刷公主的頭像穿在身上，大豬也不會穿著一輛卡通車在胸前，我們喜歡不引人注目的裝扮，常挑選簡單且重視細節設計的衣服，此外，材質當然也要透氣舒服。在這個原則下，我給孩子們做的打扮都會是跟自己喜歡的風格比較接近，除了顏色、材質還是會隨著季節變化及主流而轉變。

## ・顏色、品牌都是搭配秘訣

在小豬小羊很小的時候我很愛將他們打扮得很像，有時甚至還做同款的造型，但當姊弟倆漸漸長大，性別區分愈來愈明顯時，我就改以顏色來幫他們互相做搭配，有時是同色系、有時互補的撞色，每一種都有趣。很多時候也讓小豬小羊穿著相同品牌的服飾，因為同品牌的服飾設計概念會相同，兩人走在一起時感覺也會很和諧。

以現在來說，姊姊小羊喜歡穿著洋裝，因為她覺得穿裙子很優雅，再者她很怕熱，穿裙子對她來說最舒服輕鬆，而弟弟小豬最愛可以方便他活動與伸展的舒適服裝，因為他很喜歡跑跑跳跳，柔軟透氣的穿著才最符合他的需求。

### • 甥舅撞衫真的是純屬巧合

我們之前曾分享一張小豬與舅舅穿著雷同的合照，那時還引起廣大的討論，其實這故事的由來是，當時孩子們與舅舅共用一個更衣室，某天當舅舅在穿搭衣服的時候發現，小豬竟然有跟他極為相似的襯衫，欣喜若狂的他還特地跑來告訴我此事。於是，我們這對無聊的姊弟便開始興奮地找出還有哪些單品相似？哇，這一找還真不少哩！

巧的是，他們甥舅倆並不是刻意買相同的服裝來穿搭，而真的是我跟弟弟眼光相似，品味也雷同，才會造就成小豬跟舅舅許多撞衫的情況，這樣純屬巧合的狀況在外人看來是不是格外有趣呢？

### • 引導孩子學習衣物配色與穿搭

當然在日常生活中的打扮外，小豬小羊也會夢想著穿著像卡通角色的裝扮，但是因為我沒有提供過類似的衣服給他們，所以反倒會去引導他們想像這些角色的主要顏色有哪些？偶像身上有哪些特殊的形狀與飾品？畢竟動畫設計師所設計出的人物都會有一定的和諧美，孩子若照著主要的配色與設計穿搭應該不太會出錯。

小豬就曾穿著一身如汽車總動員裡的反派角色的造型，也曾穿搭過一身星星圖案的衣服，想像自己就是美國隊長，胸前的星星圖案還讓他信心十足。而小羊則著迷於像大人一樣的穿著，又想要帶點公主般的優雅，所以她很容易迷上不同造型的故事主角，這樣的喜好反而讓小羊比較容易接受各種顏色，像是綠色、黃色一般小女生不愛的顏色，她反而會因為那是主角禮服的顏色而變得喜愛。

### • 透過「選擇」增加孩子的參與感

當小豬小羊愈長愈大，也愈來愈有主見，這點從出門前衣服的選擇就可以發現。

有時為了讓他們對造型有參與感，我就會拿兩件衣服讓他們挑其中一件，或者是讓他們選擇鞋子或其他小配件。

小豬小羊外出時很相信媽媽的眼光，他們幾乎都會很配合地穿上媽媽準備好的服裝。除了我會替他們張羅好穿搭的衣服外，我觀察到他們很會相約一起扮演某個故事裡的角色，還會自己設定題目後開始互相問對方問題，像是「你今天想扮演《灰姑娘》裡面的誰啊？」、「你今天要扮演《美女與野獸》裡面的誰啊？」當兩人決定好故事主題後，就會各憑本事翻箱倒櫃的找尋素材，這種雙胞胎自行發展出來的玩樂方式，讓我覺得很驚喜。

### ・用道理讓孩子理解何謂不合適的穿著

只不過，偶爾遇到他們選穿的服飾並不適合接下來的場合時，我就得說服他們更換造

型。通常要說服孩子們不要穿不合適的衣服，我都會以講道理的方式解釋給他們聽，讓他們理解，等到他們懂了也釋懷了，自然而然就會聽取我的建議。相反的，如果沒讓孩子心服口服地自己換下服裝，那麼外出時心情將會大受影響，大家也都不會開心。

例如某次出門，全家準備去公園野餐、騎車，這時小羊卻想要穿著一雙美麗的皮鞋前往，在那當下她當然會有點情緒，但是當我跟她好好解釋公園裡有泥土、草皮、地不平等因素，有可能會弄髒心愛的皮鞋，而且當大家要跑步時，如果沒穿布鞋就會跑不快，布鞋更可以保護正在運動的腳，在聽了一堆道理後她就懂了，等到了公園後再補充教育，就能讓孩子更能認同媽媽的建議，而不會因為鬧脾氣而壞了出遊心情。

最後，一定要很真誠地向大家說聲謝謝，由於家中同時有兩個孩子而且還不同性別，所以許多衣服、鞋子等生活用品完全無法共享，也因為有了大家的疼愛與喜歡，才多了很多合作機會與各式各樣的贊助，有時我都覺得，小豬小羊真的是很多人一起幫忙我們養大的啊！

# TIPS...

## 練習穿搭，就從遊戲開始

### 01. 從「媽逗遊戲」著手練習

在粉絲團裡分享照片時，有不少人會問我對孩子的穿搭有什麼什麼技巧？其實我覺得穿搭最直接的訓練就是「媽逗遊戲」，有空的時候，我會拿出衣服與配件讓孩子們自己搭配，配完後不只平放在地上單拍，也讓他們穿著拍照留念，過程中可以增進孩子對不同顏色的認識，也可以讓他們對於各種風格的品項多點熟悉。

### 02. 適度的提問，刺激孩子對搭配方式的表達

我很常與小豬小羊一起畫畫、玩水彩，所以他們對基本的顏色搭配有點概念，偶爾一起幫忙我們摺衣服、曬衣服時，我和他們就會聊到搭配的話題，因為小豬小羊現階段好喜歡玩「考考你」這樣的小遊戲，我常隨性地發問，讓他們各自表達，然後我們再一起討論，選出最佳解答，這種互動方式讓我們能邊做家事、邊學習也邊遊戲，相當一舉數得。

### 03. 從必備單品去做造型的變化

牛仔褲是我們家必備的單品，不管是大人或小孩穿，搭配衣服都會很協調，光是藍色牛仔褲就可以分很多種，有刷白、有補丁、有寬管、有窄管⋯，每款不同的剪裁與設計穿起來會呈現出不一樣的感覺。

此外，兩人也都會有各自的必備單品。我會幫小豬準備襯衫、素色 T-Shirt、連帽外套、休閒鞋和五彩繽紛的襪子。而小羊則會用洋裝、風衣、針織外套、褲襪與淑女鞋等做出各種造型。

A

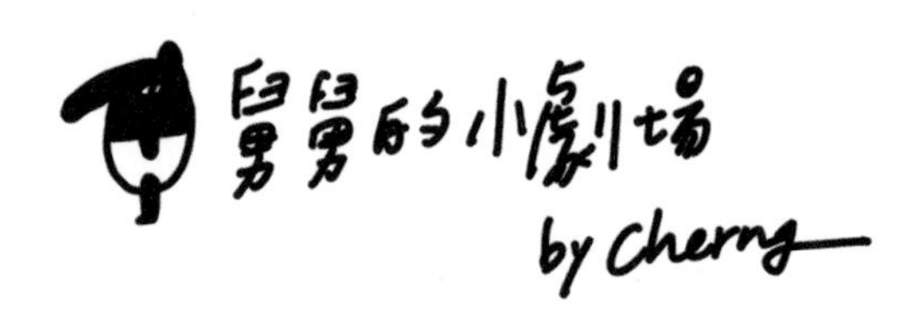


在家很常會看到穿搭照實錄

很怕錯失→
每一秒而狂按快門的樣

真是盛氣凌人的兒童!

中午吃卡牙的牛筋
吃完後我與頑強的牛筋
對抗約一小時(維持左圖狀態)
然後非常專注。

回過神來才發現
雙胞胎用很耐人尋味
的表情在觀察我

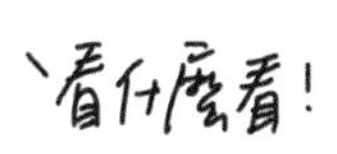

BURBERRY
London Taxi

# 07 小豬小羊歡樂旅行

家族共遊的首爾、狀況連連的峇里島，每一趟我們一起出發的旅行，都留下珍貴美好的回憶。

London Taxi
London Taxi

三

# 讓一家人都倍感溫馨的韓國之旅

小豬小羊出生後，全家一起出國旅行的地點都在亞洲，其中最意猶未盡的是韓國，因為這趟旅程不單是我們一家四口，還有小舅舅、美珍阿嬤都一同前往。有了這兩位得力助手同行，讓我們能到更多的地方走走看看，再加上途中還有旅居韓國十多年的好友相陪，在她細心又耐心的帶領之下，不管是語言、風俗、民情、飲食與文化，都讓小豬小羊對最道地的韓國有了更深的體悟。

在韓國旅行期間，每一天小豬小羊似乎都很享受著異國的新體驗，從白天玩到天黑，搭車回家時都可以聽到他們兩個在唱自己編的搞笑歌曲，歌詞大概都是總結今日遊玩的心得，我們在一旁聽了都快笑倒了。還記得當時韓國天氣十分涼爽，司機在行駛中幾乎都是開著窗，在這舒適的氣氛下，只見小豬小羊兩個人不停地在車上大笑又放聲歌唱，真的好像吃完烤肉又醉醺醺的醉漢一樣，連聽不懂中文的司機先生都忍不住噗嗤笑了出來，一路上非常開心。

這趟的韓國行我們印象最深刻的景點就是南怡島，這個島距離首爾市中心大約一小時的車程，小豬小羊就在巴士舒服地搖晃中安心入睡，抵達終點站之後我們再轉搭約五分鐘航程的渡輪前往島上。一到目的地孩子們忍不住的狂奔起來，藍天、白雲、大草地以及新鮮的空氣，讓我們一家人動也不想動地躺在地上任憑那和煦陽光溫柔地對待。離開南怡島時，我們還特別吃了島上獨有的辣春雞，這道料理口味甜甜又辣辣，讓孩子也盛了好多飯，真是辣得好好吃啊！

我覺得首爾雖然是個發展進步的大城市，但對既有的傳統文化仍保留得相當多而完整，這回印象最深刻的是，我們沒有投宿現代化的大飯店，反而是選擇了傳統的韓屋，我們三個房間圍繞著小天井，一家人總是聊到口渴才進房休息，雖身處他鄉，卻像小時候跟爸媽住在一起的氣氛一樣，大家總愛擠在客廳裡一起看電視、聊天、吃飯，這樣的旅行經驗真的讓我覺得很溫暖。

當然，我們也造訪首爾市區首屈一指的景福宮，除了建築本身所呈現的珍貴文化氣息，周圍寬闊的園區也都維護得好乾淨，儘管觀光客不少，但是地方大而不擁擠，逛累了也能隨處停下來舒服地短暫休息。在那裡，小豬小羊長這麼大竟然第一次看到完整又漂亮的蒲公英，兩個人欣喜若狂，那種的激動心情連我也被感染，不自覺地就把他們記錄下來。

在回台灣路上，我問小豬小羊在旅行後學習到了什麼？只見他們兩個人嘰哩咕嚕地講了兩句聽不懂的韓文，弟弟還說最愛韓國的地方就是可以睡地板，姊姊則搶著表示冷麵好好吃，除此之外還有件令他們開心的事，就是 Kei 阿姨送給他們的小韓服，獲得這份大禮的兩人開心地喊著：「以後可以扮演古代人了，喔耶！」我們就這樣在機上聊個不停，為這趟旅程畫下圓滿的句點。

三

# 狀況不斷卻充滿美好回憶的峇里島假期

我跟大豬在還沒有小豬小羊的時候，所偏好的都是在定點做比較深入的旅行，不管是在國內或國外也好，我們習慣選定一個城市，選定一個位置居中的住宿地點，好好體驗當地不一樣的風土民情。

記得我們有了小豬小羊後，第一次與朋友家庭一起出國旅遊，彼此都帶著小小孩，因為孩子喜歡玩沙也愛玩水，於是我們選擇去峇里島做定點的旅行，那裡有美麗的沙灘，Villa 式的房型設計，更讓我們兩家可以共享一個小泳池，時時刻刻都可沈浸其中。只是，這趟旅行狀況不斷，出發前我們兩家的大人、小孩都感冒了，大夥兒只好帶著正在康復中的身體出發旅行。

## ・從一開始就狀況連連

一到機場後，我們馬上面臨第一個狀況，糊塗的大豬爸爸在登機前被地勤人員發現護照離過期只剩四個月（一般需要六個月以上才能出發），所以無法辦理登機。我們當場深呼吸了好幾口氣，只能冷靜地面對這個突發的狀況，既然護照過期已是無法改變的事實，我們便讓爸爸離開機場補辦護照，於是我跟小豬小羊三人就這樣勇敢地登機。面對這樣的情形，我只能相信孩子們可以懂事與體諒。而小豬小羊果然沒有讓媽媽失望，在這四五個小時的飛行途中都乖乖聽話，就連起飛降落也沒哭鬧，真的讓我倍感窩心。

當飛機順利降落，小豬小羊兩個人開心地看著窗外歡呼的同時，同行的叔叔阿姨們卻馬上面臨「黃金事件」，原來是在等待下機前，可愛的瑞瑞妹妹大大地放鬆，還在喝母奶的她，拉了一整身大便。聽她爸爸說，量多到連尿布都包不住，溢滿全身。於是辛苦的媽媽就在化妝室裡幫她清洗，眼看著全機艙的乘客都已經離開，就只剩我們這一行人還在機上等待。

折騰了好一會兒，好不容易下了飛機，卻發現在行李轉盤上都找不到自己的行李了，經過詢問這才發現自己其中的一件大行李被別人誤拿走了，裡頭裝的還剛好都是孩子們的糧食與用品，這讓我心裡萬分著急，所幸這件行李半夜就被緊急送還，我這才鬆了一口氣。

### ・悠閒歡樂的恬淡假期

解決完行李誤拿的窘況，我們的峇里島之旅才開始平順下來。這回的行程規劃主要就是希望兩家人能在飯店裡好好放鬆、放空，每天要做的事很輕鬆也很簡單，白天和孩子到沙灘玩一玩，夕陽西下時就在沙灘邊晚餐，累的時候回房 SPA 按摩，不想走去餐廳就在房裡享用大餐，這幾天簡直像過著小說情節裡的富豪生活吧？！而對於這樣的行程，最開心的當然還是小豬小羊了，他們每天都能玩沙又玩水，連吃飯都能踏在沙子上，每天都高興得不得了。在悠閒的時間之外，飯店也不時安排一些小活動，像是復活節找彩蛋、參觀神廟、放小天燈等，那幾天一點都不無聊。

在旅途中，與我們同行的瑞瑞媽媽給了我一個很棒的點子，她在出發前就從台灣向印尼當地的攝影師預約拍攝全家福照片，想為彼此記錄這段美麗的旅行，於是我們花了兩個多鐘頭，拍攝了許多不錯的照片，記錄下難能可貴的美好時光，這也讓旅行照片裡總是不太常現身的自己，能有機會好好珍藏這獨一無二的回憶。

### ・充滿波折卻久久不能忘懷

這狀況不斷的行程一波未平一波又起，就連最後一天退房時都還有個插曲，當大家在 Villa 裡準備等飯店人員來收行李時，我們的行李居然掉入了泳池當中，慌張的大豬爸爸也跟著一起跳入搶救，把自己弄得全身濕淋淋，眼看專車就要來接我們了，爸爸只好趕緊重新更衣才沒擔擱到行程。

一路說下來，雖然這趟旅程看似不容易，也歷經不少波折，不過當我們充份地感受到孩子們在假期中的快樂與放鬆時，彷彿我們這麼辛苦好像也就不算什麼了，或許就是這樣特別的旅行經驗才得以讓我們久久不能忘懷吧！

# TIPS...

## 異國旅行的準備要從生活中開始

### 01. 從異國風的餐廳開始機會教育

有很多人會擔心帶孩子出國時，孩子會不會不適應？我覺得其實在日常生活裡就要慢慢給孩子機會教育，而最好的時機就是吃異國料理的時候。比如說我們曾在某家印度餐廳用餐，老闆與服務生都是印度人不說，店家裝潢更有明顯的文化特色，孩子們看到不一樣的膚色、菜色與環境佈置，自然就衍生出很多疑問。當然，在前往餐廳前我們已經為他們做好心理建設，實際來到餐廳之後，兩人就信以為真地以為來到印度這個國家，透過他們天真可愛的觀察，不僅能讓孩子們有所學習，也為我們用餐時的話題增添樂趣。

### 02. 帶齊必備之物才有安全感

以長途旅行來說，我們不管去哪裡都會帶上一罐奶粉，因為最擔心孩子在旅途中吃得不夠營養。而且除了衣物以外，最重要是可以安撫孩子的棉被、最愛的小玩具或玩偶，因為這些都是能讓孩子感到有安全感的物品。

另外要特別一提的是小手帕，以前旅居日本的朋友跟我分享過，小手帕在日本人的生活中占了很重要的角色，近來我也漸漸體會到隨身帶著小手帕的好處多多，尤其帶著孩子出門，有時需要擦手、擦汗不說，打噴嚏時遮住口鼻，天熱時還能浸水來降溫，甚至還能夾墊在衣服背後吸汗，小手帕太多用途了，絕對是我現在出門必帶的小物品。

### 03. 衣服務必多準備一兩套

關於行李的打包，最難的就是衣服的準備，因為有時兩地之間的氣候相差很大，有點難想像如何穿著比較合適，但原則就是寧可多帶也不要少帶，孩子的衣物一定要比實際過夜天數再多準備一兩套，畢竟小孩子容易有突發狀況，像是嘔吐、吃飯時弄髒衣物等，都是容易遇到的狀況。

### 04. 準備可打發飛行時間的物品

出國時還有一個需要克服的就是飛行。長途的飛行我一定會讓小豬小羊帶著睡覺慣用的小棉被，這除了可以在飛機上保暖之外，還能有安撫情緒的作用。睡覺是消耗時間最好的方法，若孩子睡不著或是飛行時間不長的話，那就得想一些讓孩子能專注的活動來做。

比如說，大部份的空服人員都會送上兒童玩具，這些東西大概可以撐上半小時，而小豬小羊最容易專注於繪畫，帶一盒色鉛筆、一本空白素描本，就可以讓他們倆安靜塗鴉好一陣子。當然，若是座位前有螢幕可以選擇電影，這會是個最輕鬆的選擇。

而我們家小羊，最享受在飛機上可以嘗試許多食物的機會，每次的兒童餐都是她期待的重頭戲，如同我先前所說，小羊是一個只要有吃就會感到幸福的孩子。她總是靜靜地、慢慢地吃著餐盤上的東西，吃著吃著就會露出很幸福的微笑，真的好可愛。反觀小豬，重視睡眠的他，只要戴上耳機選好喜歡的音樂，通常飛機起飛後不久就差不多可以睡著，這也是另外一種幸福的表現啊！

### 05. 讓陌生的環境激發孩子學習力

幾次實際出國旅行的經驗下來，小豬小羊對異國的環境並沒有不適應的地方，頂多是聽不懂的語言會讓他們兩個不知所措，遇到友善的外國人問候，常不知該如何回應。不過，這樣的情況反倒會激發小豬小羊想學語言的動力，這時我們會教他們一些簡單的問候語，陌生的語言會讓他們覺得很有趣，特別是特殊的發音更容易讓他們笑呵呵，這些簡單的學習也會成為旅途中難忘的收穫。

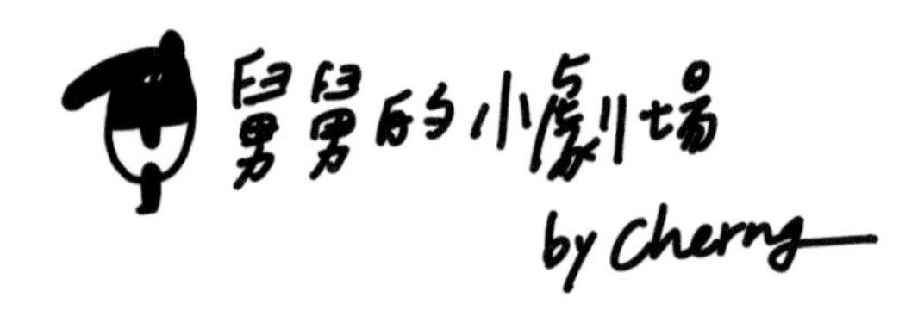


出去玩 總是能吸引路人目光的家庭

出門有如荷里活明星般閃耀的家庭

兩歲的時候，有次到墾丁某沙灘飯店
小豬看到沙很興奮於是在房間裸奔

沒多久他們去了沙灘
我看見有個茶色物體
安靜地躺在我們房間地板上

★特別收錄★

# 小豬小羊成長軌跡

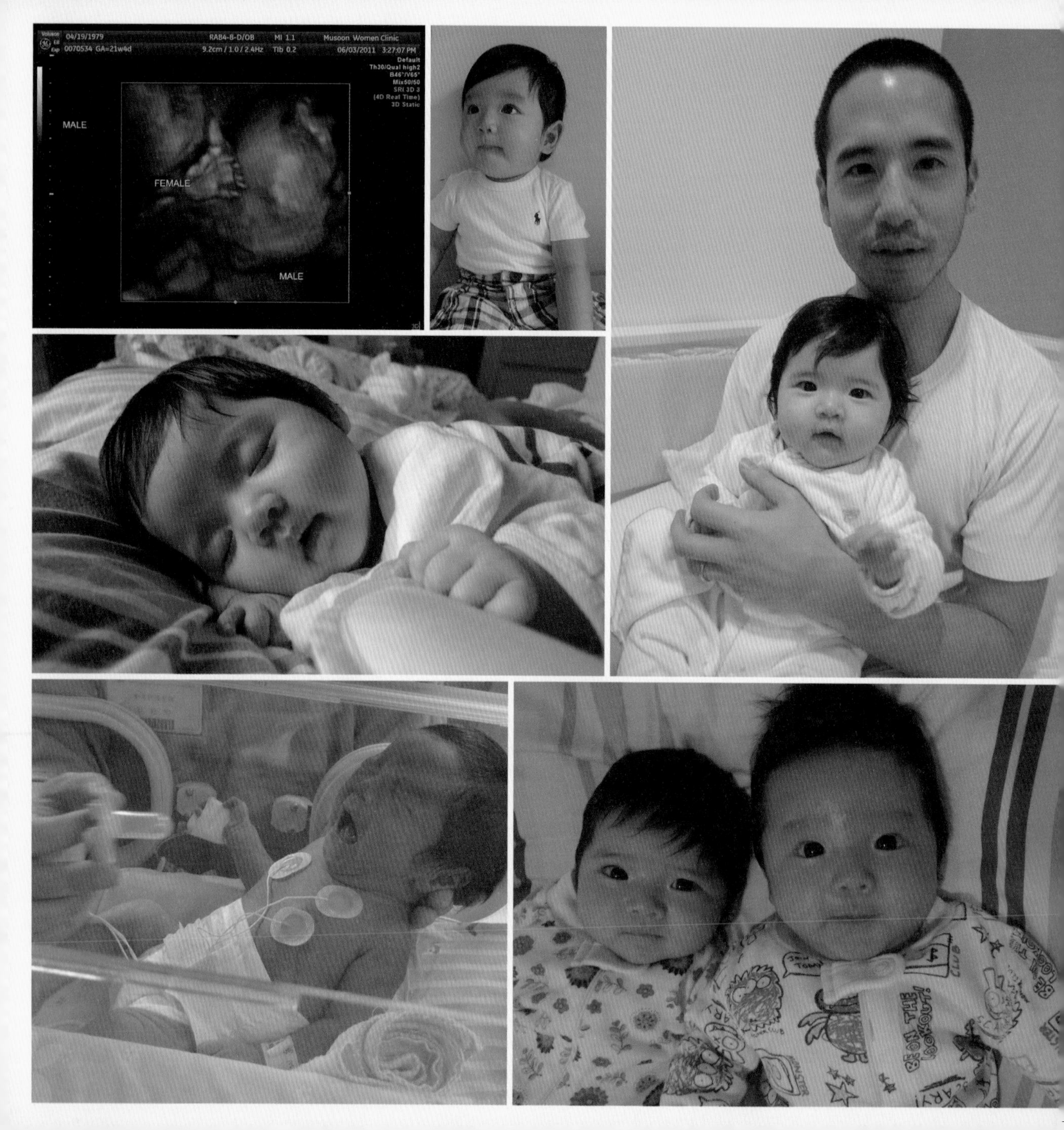
04/19/1979
RAB4-8-D/OB
MI 1.1
Musoon Women Clinic
0070534 GA=21w4d
9.2cm / 1.0 / 2.4Hz
Tib 0.2
06/03/2011 3:27:07 PM
Default
Th30/Qual high2
Mix50/50
SRI 3D 3
(4D Real Time)
3D Static
MALE
FEMALE
MALE

0 YEARS OLD

# 2011

2011 年 9 月小豬小羊出生後，兩個小傢伙佔滿我們生活的全部，比對著當時還在肚皮裡的超音波照片，不禁覺得生命是如此的美妙與感動。這一年裡我們一起經歷了人生許多的第一次，大豬戰戰兢兢地學著幫孩子洗澡、我也努力學習同時親餵小豬小羊的技巧，回想起來雖然有點手忙腳亂，但當時所謂的疲累感可能也早就被他們天使般的笑容所淹沒吧！

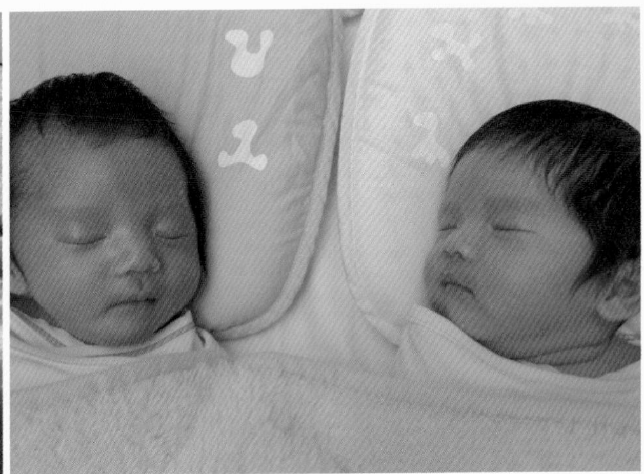

BORN
2011

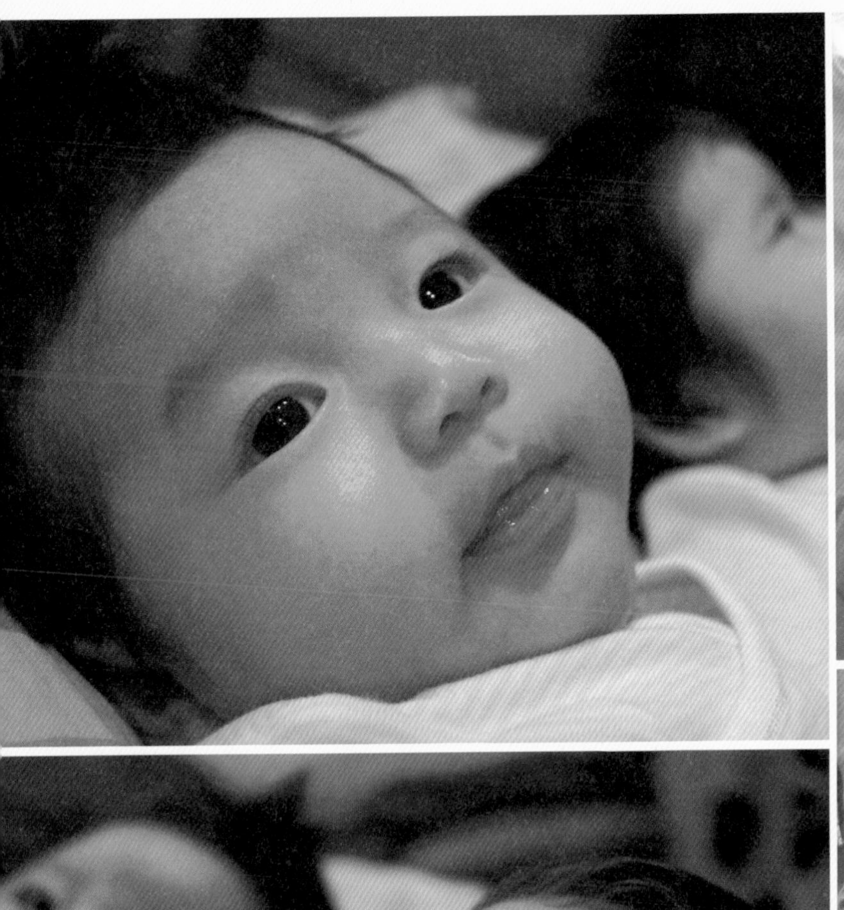

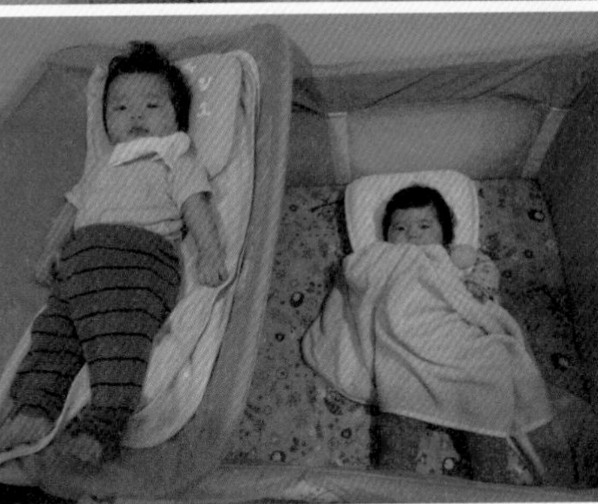

1 YEARS OLD

# 2012

2012 年的小豬小羊成長了好多，姊姊一路超前，先學會坐、到處爬、學站，甚至是勇敢跨步走，而弟弟也都隨後跟上。正值口慾期的兩個人共同用嘴巴認知了這個世界，每樣東西對他們來講都是新鮮有趣的事物，那雙充滿好奇的眼神似乎隨時都閃爍著光芒。

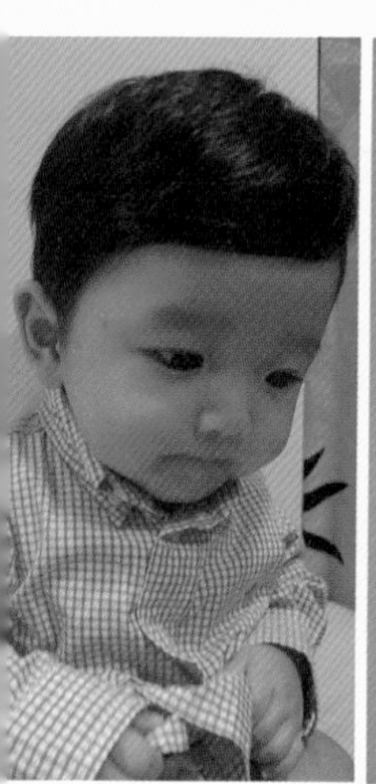

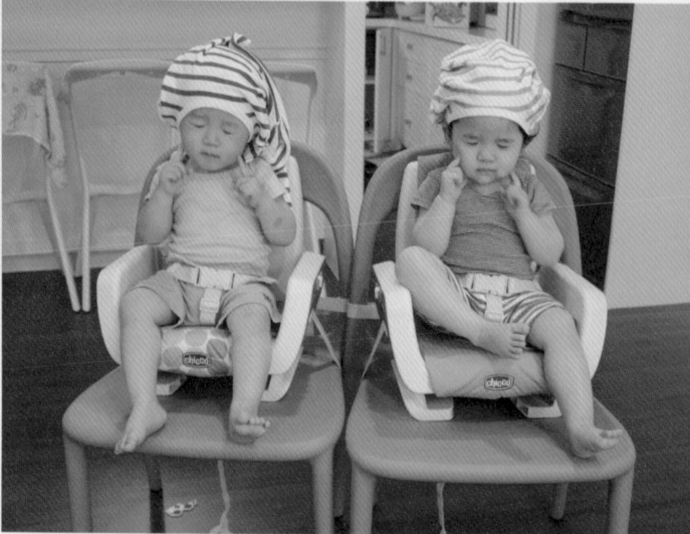
chicco
chicco

2 YEARS OLD

# 2013

2013 這一年我們一起努力戒了奶瓶、奶嘴、尿布，過程中雖然有點挫折，但我們也都一起克服了，而孩子們似乎更長大了一點，彼此間的互動也越來越多，兩人雖然還不太會講話，不過朝夕相處的感情已經不需要靠言語就能有很好的溝通默契。

LITTLE
BROTHER

# 2014

3 YEARS OLD

2014 孩子們更懂事了，也愈來愈來喜歡在我身邊當個小幫手。這一年開始帶著小豬小羊嘗試更多的旅行，他們也好喜歡每次住在不同城市與國度的感覺，每到一間新的住宿地點，總是興奮地在床上打滾，聽到他們大笑開心的聲音，想到嘴角都會忍不住上揚。

4 YEARS OLD

# 2015

2015 我們繼續帶著小豬小羊走訪更多地方，也陪伴著孩子們參與越來越多的團體課程，他們倆也變得喜歡與人分享，時常親筆作畫或勞作送給喜歡的人，最近更熱衷於音樂、歌唱與舞蹈的表演，我們家天天都有新劇情啊！只能說孩子們長得真快！

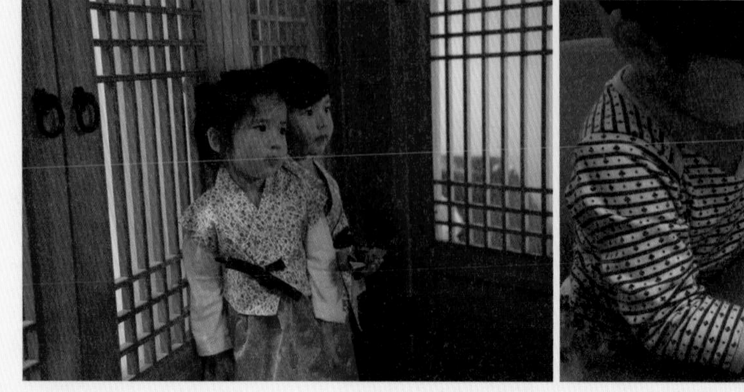

## 作者簡介

### 大羊

本名姓楊，牡羊座，
Brunel University London 設計與品牌策略碩士，
做過幼教師、貿易業務、體驗設計師，
卻以家庭主婦為終極職業目標。
嫁給姓朱的，生了一對雙胞胎一隻小羊、一隻小豬。
喜歡旅行，享受不同文化給予的新刺激。
熱衷攝影，什麼主題都拍就不愛拍自己。
最愛烹飪，很愛一家人窩在廚房做料理。
致力將平凡的家庭生活過得美好。
www.facebook.com/Chelsea.Jesper

### Cherng

豬羊的舅舅，職業是畫畫，興趣是出國，
不愛吃海鮮，代表作是馬來貘。
www.facebook.com/cherngs.y

BEAUTIFUL DAY 34

# 不只2倍可愛

## 小豬小羊的成長札記

作　　者｜大羊
插　　畫｜Cherng
發行人、總編輯｜黃俊隆
編　　輯｜鄭偉銘
行銷企劃｜楊雅筑
美術設計｜謝捲子 Makoto Xie

經紀副總監｜熊俞茜
行銷經紀｜王浚嘉
行政編務｜張書瑜
出 版 者｜自轉星球文化創意事業有限公司
地　　址｜台北市大安區臥龍街 43 巷 11 號 3 樓
電子信箱｜ rstarbook@gmail.com
電　　話｜ 02-87321629
傳　　真｜ 02-27359768
插畫授權｜華研國際音樂股份有限公司

發行統籌｜華品文創出版股份有限公司：電　　話｜ 02-23317103
總 經 銷｜大和書報圖書股份有限公司：電　　話｜ 02-89902588
印　　刷｜前進彩藝有限公司　　　　　：電　　話｜ 02-22250085
法律顧問｜益思科技法律事務所　　　　：電　　話｜ 02-27723152

2015 年 12 月 27 初版一刷　ISBN：978-986-92021-3-8
Published by Revolution-Star Publishing and Creation Co.,Ltd




不只 2 倍可愛：小豬小羊的成長札記 / 大羊文字；Cherng 插畫 . -- 初版 . -- 臺北市：自轉星球文化, 2015.12
　面；　公分 . -- (Beautiful day；34)
ISBN 978-986-92021-3-8( 平裝 )

1. 育兒 2. 文集

428.07　104025498